最強行業

10年後のGAFAを探せ

世界を変える100社

前言

當時的「預言」，如今回想起來真是一語中的。

谷歌與亞馬遜合併為「Googlezon」，透過大數據分析，鉅細靡遺地掌握了世人的思想乃至消費行為，進而實質統治了媒體及整個社會——。

這是二〇〇四年發表的Flash動畫電影「EPIC2014」中所描繪的世界。雖然現實生活中谷歌與亞馬遜並未合併，只是一個虛構的故事，但「掌握了資訊就能支配世界」這個鮮明的訊息，直指事實的核心。

現今君臨天下的科技巨人們，的確經由取得大量的個人資訊，擁有了強大的支配力。谷歌（Google）、亞馬遜（Amazon）、臉書（Facebook）、蘋果（Apple），四間巨型企業名稱取其開頭字母，簡稱為「GAFA」。

GAFA所提供的產品或服務，對於全球高達數十億的網路使用者而言，已成為如同電力及自來水般不可或缺的存在。

不分男女老幼，每天都有許多人在使用谷歌的搜尋引擎及電子信箱「Gmail」，大部分的智慧型手機及電視產品所採用的手機作業系統「安卓（Android）」也來自谷歌。

在亞馬遜購買紙尿褲或飲料，有機會當天下訂，當天就收到；向該公司的語音助理「Alexa」問問題，它馬上就能提供解答；在臉書上發文與朋友討論今天發生的大小事、每天拿起蘋果的「iPhone」滑上好幾小時、使用語音助理「Siri」與行動支付「Apple Pay」的人想必也多不勝數。

但是，這樣的便利性只是GAFA的表象。在其背後，是利用詳盡到令人驚訝的資訊，掌握著使用者的一舉一動。以AI分析大數據後，只刊登你會有興趣的廣告，進而推銷商品，但這只是個開端，在檯面下，將收集到的個資賣給其他公司的行為早已不是祕密。

全球對於規範其權力的呼聲日趨高漲

被稱為「二十一世紀石油」的數據資訊是棵搖錢樹。將其當作武器持續成長的四大企業，截至二〇一九年五月，其股票市值總額已達到一兆美元（約新台幣三十兆），並躋身世界前五大企業。

不過，這麼強勢的GAFA也有停滯之時。「擅自使用取得的資訊來斂財」的批判聲以及規範其權力的措施，在全球如星火燎原般蔓延開來。

打前鋒的是歐盟，於二〇一八年五月起施行保護個人資訊的「一般資料保護規定（GDPR）」。目標對象當然就是持有大量個資的GAFA。二〇一九年一月，谷歌因違反了該法，遭罰五千萬歐元；臉書也因違反GDPR法而被告。

GAFA也有違反「反托拉斯法」（相當於我國公平交易法）之虞。歐盟的執行機關——歐盟委員會，於二〇一九年三月簽訂了規範網路廣告事業競爭行為的合約，對谷歌核課十四億九千萬歐元罰款，臉書、亞馬遜及蘋果也是接下來的調查對象。

美國當局也已採取行動。司法部與聯邦貿易委員會（FTC）朝GAFA違反反托拉斯法的方向展開調查。日本及印度對GAFA的規範措施也正展開中。

甚至還有政治人物提出了「如果我當上美國總統，就要讓GAFA分崩離析」的政見，那就是美國民主黨參議員伊麗莎白・沃倫（Elizabeth Warren）。連這種「解體論」都出籠的情況下，想必四家企業的行動將受到制約，氣勢也會被削弱。

GAFA的形態很像二十年前的微軟（Microsoft）。當時微軟在電腦作業系統市場中擁有壓倒性的市佔率，被美國司法部認定有妨礙競爭之嫌，在長達十二年的纏訟下，該公司氣勢盡失，IT業界的龍頭寶座也就拱手讓給了GAFA。微軟的股價低迷了十幾年，直到最近才又復甦。而GAFA也可能重蹈這個覆轍。

在這樣的情勢中，人們開始關心創造新技術的後起之秀。在GAFA深陷桎梏的狀況下，對新興勢力來說卻是崛起的大好時機。

欣欣向榮的次世代創新者

活用AI及軟體的創新技術，在溝通、交通行動服務、金融、機器人、醫療保健、食品、娛樂等多方領域中百花齊放，可能對長久以來的商業模式、生活、基礎設施等帶來更為戲劇性的改變。

空中飛車、太空探索、量子電腦、共乘、大數據分析、能取代白領階級作業的軟體機器人、癌症治療……。放眼全球，應用多種創新技術的獨特新創公司如雨後春筍般出現，其企業價值從數千億日圓躍升至數兆日圓規模的案例備受矚目。

這些企業活躍的地點不僅限於美國矽谷，中國、印度、以色列、英國、德國、新加坡及日本等國，更是遍布世界各地。

今後，什麼樣的企業會嶄露頭角，成為十年後取代GAFA的黑馬呢？本書將帶領您一探「改變世界一〇〇家企業」的真實面貌。

二〇一九年六月　Nikkei Business

第八章 機器人・物聯網（IoT）

第九章 共乘服務

The Next Frontier

第 1 章 下一個新興市場在這裡

001

Be Forward

中古車外銷 — 日本 — 企業價值 —

立志成為「新興國家『亞馬遜』」的跨境電商

手邊的溫度計正顯示著零下二十度。這是二〇一八年十二月中旬，蒙古首都烏蘭巴托近郊的貨物轉運站。在呼出的氣息也會結凍的嚴寒季節中，蒙古人面不改色地默默進行著貨櫃的卸貨作業。

從神奈川縣的川崎港走海路往中國天津，再從那裡轉鐵路，共計二十天。結束了大約三千五百公里的長途跋涉後，從貨櫃下來的是日本中古車。到此為止都還是進口中古車現場常見的光景；而接下來作業員打開後車廂，出現了上面印著日本花王紙尿褲「妙而舒（Merries）」LOGO的瓦楞紙箱。難道是前一家業主遺忘的東西嗎？不是的。

這是中古車網站「Be Forward」的集貨中心。這家公司總部位於東京調布，專營外銷，它將「有效活用出口車輛的空間」作為祕密武器，企圖轉型為世界主要跨境電商的日本企業。

「我們要成為新興市場的『亞馬遜』。」山川博功社長認真說道。雖然聽來像是口出狂言，但請回想一下。從谷歌、亞馬遜、臉書到蘋果——取各公司開頭字母、被稱為「GAFA」的美國巨型IT（資訊技術）企業，其驚人的成長只不過是這區區十幾年的事，當時又有誰料想得到呢？

在「後進」新興國家具有存在感

Be Forward的優勢在非洲及加勒比海諸島國——也就是新興國家中的後起之秀。設立於二〇〇四年、營業額在二〇一八年上半年度約為新台幣一百六十億元。雖然規模比亞馬遜來得小，但在這些後進新興國家中所擁有的物流網，則比亞馬遜更具壓倒性的優勢。

該物流網不僅限於貨櫃船停靠的港灣周邊。只要點一下滑鼠，高品質的日本車就能送到家。為了實現這樣的服務，就需要在當地尋求合作企業夥伴。而像蒙古這樣的內陸國，就改以鐵路載運；在道路狀況不佳、大型拖車無法行駛的非洲，就安排車隊司機。合作企業夥伴在全球有四十五家，銷售範圍更遍及一百五十三個國家。

能找到這麼多當地的合作夥伴，歸因於Be Forward是個賺錢的公司。二〇一七年度出口的中古車有十五萬四百三十六輛，僅蒙古一個月就有一千五百輛，就連坦尚尼亞也有一個月一千輛的驚人數量。

因為來自Be Forward的訂單已達到可觀的數量，因此帶動了當地合作對象的

貨物能送達全球一百五十三個國家。右方照片是在蒙古首都烏蘭巴托的貨物轉運站裡，從貨櫃卸下來的日本中古車。

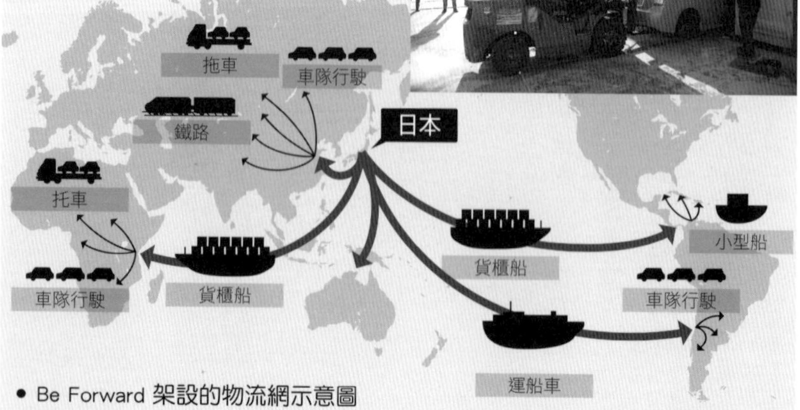

• Be Forward 架設的物流網示意圖

發展，逐步正式成立公司。「近來也接到對方主動提議想跟我們合作的訊息。」山川社長說。在東京調布的總公司，也有不少來遠自非洲國家的訪客來洽談生意。

「以前都在載空氣」

但，這條路走來並非一路順遂。公司初設立時可說毫無知名度，二〇一七全年度的出口數量甚至只有六百七十輛。不過，由於智慧型手機爆炸性的普及，意外成為一大助力，Be Forward不但在出口車輛貼上自家商標的貼紙，更贈送顧客公司的原創設計T-Shirt。隨著一傳十、十傳百的口碑，品牌知名度也提升了。

同時，在服務上也精益求精，為了能即刻回覆來自各國客戶的詢問，總公司派駐超過六十名擅長外語的專業人員，提供可對應世界三十五國語言的溝通服務。

「可以順路把民生用品跟車子一起送過來嗎？」

這樣的需求在二〇一五年左右開始受到關注。畢竟外銷的車子內部存在不少閒置空間，「其實只是把一直以來『載空氣』的地方放入貨物而已，等於是免運

費。」（山川社長）

舉例來說，在接到來自非洲烏干達顧客的訂單後，準備將二十四吋液晶螢幕從日本派送過去。若委託美國優比速（UPS）或是聯邦快遞（FedEx）等知名國際物流，航空運費為三百六十五～七百一十二美元不等。而另一方面，利用出口車輛載運的Be Forward只需要二十美元的海運費用。

事實是，在自家產業並不發達的新興國家，若想要過上舒適的生活，不僅是轎車，就連電器用品到民生必需品都不得不仰賴海外進口。在蒙古，像「妙而舒」等高品質的日本紙尿褲是具備高度吸引力的目標商品，但若照一般流程進口，在產品價格外還要加上一筆不小的運送成本。相較之下，利用Be Forward的物流，消費者就能買到物美價廉的商品，也間接提升了當地的生活水準。

當然，也有顧客比起海運更想選擇空運。針對這點，Be Forward提供了國際物流公司優比速（UPS）、聯邦快遞（FedEx）的運費查詢系統。即使是大型國際物流，對新興國家的資訊收集量仍不夠完備。在基本運費之外，消費者可能還得承擔由於供需大幅變動及通關手續作業等意料之外的成本。

Be Forward活用了在中古車物流經驗中累積的數據資訊，不僅提供顧客預估運費的服務，萬一實際產生的運送成本比預估運費高時，差額由Be Forward負責吸收，目標在打造出即使是距離日本千里之遙的客戶，也能安心使用的購物環境。

到目前為止，外銷的中古車幾乎都是從日本發送，但為了將左駕車也納入販售項目，已積極從韓國、荷蘭出口中古車。二〇一九年三月則正式開始從美國出口。「從日本到世界」的物流上，進一步擴展為「從世界到世界」的廣大流向。

「以品項齊全、眾多自豪的亞馬遜，最初是從書店起家的。」山川社長這麼說。「我們也希望將來被人家提起時，會是『其實這家原本是賣車的』這樣令人耳目一新的公司。」

過去十年，GAFA一路顛覆了許多原有業界的秩序，其中，為首的谷歌就是打著「整理全世界資訊」的旗號，將作為網路時代入口的「搜尋引擎」發揮到極致。那麼十年後，究竟還有哪些充滿潛力的企業，有機會成為其領域中的最強者？雖然未來難以準確預測，但確實有幾個條件是可以掌握的。

成為「最強行業」的條件

資源相對少的經營者、創業者，如果在GAFA作為領頭羊的領域仍然選擇正面迎戰，並不是聰明的做法。因此，首先要找到像GAFA這類既有的大型IT企業尚未稱霸的新市場。

當然，活用數位技術及IT也是不可或缺的。但若只是單純提供新穎的雲端服務，資本雄厚的大型IT企業馬上就會追上來。所以最重要的是，能發展出讓對手無法立刻趕上的自身強項。Be Forward會備受期待，也是因為它在新興國家這個未開發領域，提供了結合獨創物流與網購事業的新服務。

本書正是為各位到世界各地採訪這些蘊藏著改變未來潛力的新創公司。在本章（第一章）～第四章裡，將先從本書的百間企業中挑出具代表性、打破慣有商業模式、目標是大幅改變大眾生活，並且勇於與眾不同的二十間企業。

Disruptive Business Models

第 2 章　打破慣有商業模式

002

WeWork

共享辦公室 — 美國 — 企業價值450億美元

改變無效率辦公室的平台

在搜尋引擎、社群網站、電子商務等B2C（目標客戶為一般消費者）服務範疇，已有公認的贏家——「GAFA」四巨頭。並且持續向彼此攻城掠地。

另一方面，若將目光移至B2B（目標客戶為企業體）的IT服務，則仍有一塊無人造訪的空白地帶。雖然美國微軟的地位依舊強大，但新創公司仍有可乘之隙。

其中不少創業家最看好的便是「提供辦公空間」所衍生的商機。雖然隨著搜尋引擎與社群網站的進化，白領階級的工作方式有了很大的改變，但相較之下，辦公室環境的變化可說是微乎其微。而希望從「數位化」及「人情味」兩個面向同時提昇的，是美國的WeWork。

這是個連三年後的商業環境都不甚明朗的時代，若要十年、二十年長期租借辦公室，風險是很高的。針對這點，WeWork可以依環境需求彈性增減辦公室空間。跟美國亞馬遜革命性的雲端運算服務（AWS）有異曲同工之妙。

利用WeWork辦公室的工作人數，截至二〇一八年九月底，全球共有二十四國三十二萬人，二〇一八年更呈現了翻倍的成長。過去使用者是以新創公司或自營商為主流，近來美國IBM等傳統企業也開始利用了。而隸屬於員工超過一千人大企業的使用者，二〇一八年成長為八萬五千人。

能彈性增減的空間

搏得人氣的原因，不僅是因為能彈性增減空間，真

WeWork的辦公室。精心打造出一個能促進工作者間交流，易於集中精神的工作環境。
（WeWork提供）

正的優勢是在於員工彼此之間、以及跟別家公司的員工之間建立「社群連結」這一點。讓工作現場人們的交流更加緊密，提升生產力，打造出一個易於醞釀出新構想的環境。

常駐辦公室的社群經理（Community Manager）的職務內容，可不只是掛個頭銜而已，其主要工作是提出各種促進使用者之間交流的活動，如早餐會、讀書會、瑜伽課等。「我們每個禮拜都會舉辦五到十個活動。」在美國紐約辦公室擔任社群經理的泰絲．尼爾森（Tess Nelson）說。

在最新的辦公室裡，櫃台有咖啡師待命，環境有如咖啡館般，也有連鎖餐廳式的包廂座位及以玻璃隔開的作業空間，想集中精神辦公時就到安靜的區域，需要讓大腦稍作休息時就到公共開放區域，一切都如此自由隨心。

數據科學家分析使用率進行改善

此外，WeWork也積極活用最新技術。在沙發及椅子上裝設感應器，就能即時測知使用率。聘僱數據科學家對會議室使用狀況等各種資訊加以分析，每天針對會議室的空間及數量進行改善。

如何把工作場所，變成每天都想去的地方？WeWork更把這一套經驗系統化，積極延伸觸角至顧問業務，指導那些擁有自有大樓的企業，如何做到提升辦公室的效率。

WeWork目前預估有四百五十億美元（約新台幣一兆三千六百億元）的企業價值，但也有一派看法質疑其成長性，認為它真的有別於以往的「商辦租借」嗎？但該公司的發展總監（Chief Growth Officer）大衛・法諾（David Fano）表示──「我一點也不擔心」，可說是信心滿滿。

當一切物品從「擁有」走向「使用」，辦公室空間也走向「有使用才付費」的模式是必然趨勢。在三十萬使用者的前提下，WeWork將辦公室便宜租下，將其細小化，再以相對較高價格租出的經營模式十分合理。全球的辦公室市場雖大，但大多都只是單純的空間租借而已，而WeWork以「人際交流」為主軸提升其價值，即使是舊大樓，也能搖身一變成為新創公司發展的最佳據點。

003

InVision

APP設計工具

美國

企業價值19億美元

因應開發手機APP需求而生的「幕後推手」

美國InVision以更貼近商務需求的溝通工具，向相對無效率的電子郵件宣戰。

InVision的主力商品是提升APP或網站雛形（Prototype）製作效率的工具。例如當開發者發現APP畫面上有需要調整之處，就能直接在瀏覽器畫面中任何一處寫上建議，並立即與工作夥伴進行討論。目前在全球共有四百五十萬使用者，而財富月刊《Fortune》報導的百大企業中，更有八成採用InVision。

InVision誕生的背景，起因於現在工作所需的溝通手段比過去更講求即時、快速，而發明於二十世紀的電子郵件已出現力有未逮之處。

APP開發工作涉及服務的構思者、工程師、設計師等多位專業人士，當大家不在同一個實體空間時，以電子郵件溝通太過費時，因此InVision這樣的工具便應運而生。InVision讓一個專案的相關人員可以即時共享資訊、提供意見、更有效率地製作APP，例如想在設計畫面上進行修改時，只要在該處點一下滑鼠，就能直接加上自己的意見，所有人都能看見並即時調整；再例如過去要下達調整設計版面的指令是很麻煩的，像是「請把主圖上方的大標題下方的引文標題字距加寬」這樣，必須用文字一項一項地說明版面位置、調整內容，十分耗時。

此外，若想看看實際放上手機時的畫面，只要送出網址，就能實機確認，有效協助測試不同載體的使用狀況，以及在不同類型的行動載具畫面上需要進行什麼調整。此外還提供語音聊天功能，相關人員可以彼此一邊對話、一邊確認設計。

大幅縮短測試APP設計的時間

InVision的操作畫面。該公司實現了全面遠距工作的構想，全球的員工都能靈活運用自己的專業改善APP的設計。
（永川智子　攝）

與過去相比，測試並修正APP設計所需的時間大幅縮短，這是讓InVision大受歡迎的主因。在智慧型手機普及下，作為支援APP開發需求大增的「幕後推手」，InVison的聲勢日趨壯大。

當然，GAFA也試圖以社交工具為核心打進B2B市場。若能抵擋住這類巨型企業的攻勢，像InVision這樣的新創公司，未來成為該領域的最強企業也不令人意外。

004

Slack Technologies

商業即時通訊

美國

企業價值170億美元

使用者超過八百萬人的商務用即時通訊服務

商用即時通訊工具「Slack」正掀起一陣旋風。只要在APP中輸入文字，全體組員就能共享資訊。無論是一對一或群組，除了能跟任何人通訊，也不挑裝置，電腦或手機都適用。隨著在處理工作的同時能迅速地共享必要資訊、交換意見的特點廣受好評，使用者也急速增加。從二〇一四年開始提供服務的四年內，Slack的全球使用者超過了八百萬人。不同於電子郵件的是，免輸入電子信箱地址、重要訊息不會被淹沒；當郵件往返多次時，也不會出現「Re: Re:」這種惱人標題。

使用者遍及全球的Slack，其開發者是美國Slack Technologies，企業價值達一百七十億美元（約新台幣五千一百六十億元）。

執行長斯圖爾特·巴特菲爾德（Stewart Butterfield）於二〇〇九年成立該公司。他強調：「為了因應急速變化的市場與消費者需求，企業或組織必須具備敏捷性、持續改變與創新。」

為企業穿上鋼鐵人裝甲

使用電子郵件的耗時已為人多所詬病，無法滿足工作迅速進行的需求。「就像電影『鋼鐵人』主角穿上裝

「今後也會透過活用AI加強通訊工具在使用上的便利性。」斯圖爾特·巴特菲爾德執行長表示。（稻垣純也　攝）

甲般，企業也在尋求能加強生產力的工具，以提升組織的績效。Slack便是為此而生。」（巴特菲爾德執行長）

全球企業每年投入三百億美元在ERP（企業資源規劃系統）上，CRM（客戶關係管理）市場也成長至兩百五十億美元。像Slack這類通訊工具的市場，目前預估最多在十億美元之譜，但未來發展至百億美元規模也不足為奇。

在Slack廣受矚目的同時，軟體界的巨人——美國微軟則開發了競爭產品「Teams」。這是可以在微軟的「Office 365」中使用的通訊工具。

而巴特菲爾德執行長對此持樂觀看法。「微軟的行動並非威脅，而是助力，這等於是證明Slack看上的市場大有可為。Slack和美國IBM、甲骨文、德國SAP等知名企業，以及眾多IT新創公司都有夥伴關係。」

今後在企業內部資訊的溝通上，「文字」依舊是重點。Slack利用人工智慧及機器學習，致力開發能輕鬆共享過往交流內容的技術。預計未來更可提供抽取、簡化重要性較高的訊息的功能。當我們向巴特菲爾德執行長問到「十年後有辦法和谷歌匹敵嗎？」他這麼回答：「使用的技術不同，所以不可能取而代之吧。不過，如果是指能否獲得相同規模的成功，答案是肯定的。」

005

TransferWise

國際匯款 —— 英國 —— 企業價值30億英鎊

殺進規模十九兆新台幣的國際匯款市場

試圖徹底顛覆一年相當於新台幣十九兆國際匯款市場的人物，就在英國倫敦。他們是出生於愛沙尼亞，曾開發免費通話軟體先驅「Skype」的塔維特・亨利克斯（Taavet Hinrikus）及克里斯托・卡爾曼（Kristo Käärmann）。兩人於二〇一一年創辦了新形態的國際匯款服務——英國Transfer Wise。

匯款回故鄉的昂貴手續費化作商機

創辦的契機，來自於發現匯款回家鄉愛沙尼亞的驚人手續費。因為需要透過多家銀行進行資金移動，除了費時，還被外加不透明的相關成本。例如在台灣使用銀行匯款至國外時，一次就要被收取數百元到接近一千元不等的手續費，長期累積起來的金額同樣驚人。兩位愛沙尼亞人就是從這裡看到了商機。

假設，分別有使用者想從台灣帳戶匯往英國、以及從英國帳戶匯往台灣。該公司使用獨家的系統連結了兩者的需求，將實際的金流轉換為「從台灣到台灣」、「從英國到英國」這樣的國內匯款形式。如此一來，跟大型銀行相比，國際匯款手續費就能大幅降低。因為大受好評，TransferWise目前已擁有全球六十六國超過六百萬人的使用者，匯款金額擴大至每月三十億英鎊。在九年之內成長為全球十三個據點、一千四百位員工的公司，TransferWise的企業價值也達到三十億英鎊。

卡爾曼執行長更加速了成長的腳步。二〇一八年，匯款金額不再需要從原本的銀行帳戶提領出來，TransferWise本身開始了提供帳戶的服務。對開戶手續不易的移民及留學生來說，便利性更為提升。這離實現

創辦了TransferWise、來自愛沙尼亞的克里斯托・卡爾曼執行長。將同樣來自該國的Skype作為基準模型。
（永川智子　攝）

卡爾曼執行長「成為國際匯款市場專門平台」的野心又更近了一步。

雖然只是APP但也是正式的銀行

TransferWise只不過是科技打破業界秩序的新興勢力象徵。英國政府為了保護自身世界金融中心的地位，強力推動以IT大幅改變金融的Fintech潮流。也並不排斥發出銀行執照給幾乎還沒有績效、僅在手機上營運的新創公司。

英國Monzo就是一例。雖然沒有實體店面，只在手機APP上營運，但在二〇一七年正式取得了英國金融監督當局發行的執照，是實實在在的銀行。目前已有超過一百三十萬的使用者，企業價值達十三億美元（約新台幣四百億元）。

隨著數位化的趨勢，許多嶄新的服務應運而生，連制度也跟著改變。走在最前端的就是虛擬貨幣。研發支援比特幣流通系統專用裝置、全球市佔率七成的中國比特大陸科技（Bitmain），以及大小各異的交易所能夠聚集大量的資金，就是因為投資家們看好虛擬貨幣的成長空間。虛擬貨幣的泡沫化在二〇一八年一度爆發，比特幣價格暴跌，但之後又有回復的跡象。

手機的QR Code支付方面，有中國螞蟻金服的「支付寶」及騰訊控股的「微信支付」打頭陣。不過，在仍以現金交易為主流的日本，LINE及Origami等也正積極擴展品牌服務。

數位化促使金錢的流動性飛快提升，能善加把握這波潮流的企業就會是十年後的贏家。像TransferWise這樣打破業界固有思維的新興勢力，可以預料將會在世界各地崛起。

006

MUJIN

機器人控制軟體

—日本—

—企業價值—

目標成為工業機器人中的「Windows」

工業機器人正廣泛進駐全球製造業、物流業現場。這個領域雖然從前被視為是日本企業強項，但隨著人工智慧的發展，機器人產業的市場機制也有所改變。

機器手臂等「硬體」技術日益成熟，業者間各自的性能表現正在縮小差距。另一方面，操縱硬體的「軟體」有了長足的進步。只要利用圖像解析等技術，便能大幅提升機器人的生產力。

「今後能駕馭軟體的人，就能駕馭機器人產業。」二〇一一年成立機器人控制軟體公司MUJIN的執行長兼共同創辦人滝野一征如此斷言。

這家公司採用了獨特的高速演算處理技術，用來操控各家工業機器人的機器手臂。「我們實現了全球首見的物流中心全自動化揀貨作業。」語氣中充滿自豪。

在使用工業機器人時，操作者必須事先進行正確指導各個動作的「教學（Teaching）」作業。因此，在尖峰時期會有數萬種商品隨機流入物流中心，要以人類操控機器人的方式處理分貨作業是不可能的。

只要運用MUJIN的技術，物流中心就能對隨機流入、種類不同的商品進行揀貨作業。左為滝野一征執行長。（尾關裕士）

而使用MUJIN控制軟體的話，就不需要「教學作業」。由AI透過相機學習如何抓取物體，瞬間進行判斷，並控制機器手臂做出相應的動作。

中國的知名電商公司也採用

二〇一八年春天，中國排名第二的電商——京東集團啟用了蔚為話題的無人物流倉庫，可說若沒有MUJIN的技術就無法實現。

在日本，網購企業愛速客樂（ASKUL）於二〇一六年、日用品批發商龍頭（PALTAC）於二〇一八年也都相繼在其物流據點採用。在PALTAC的據點內，是以知名企業FANUC的機器人搭配MUJIN的軟體操作。「自給自足主義」色彩濃厚的FANUC也曾投注心力在開發控制軟體上，但最終也接受MUJIN的技術合作。此外，早先已經有安川電機、自動車零件商DENSO等大企業一一採用MUJIN的軟體，「我們已達到全球七成市佔率。」（滝野執行長）

滝野執行長的目標，是讓MUJIN的軟體成為「工業機器人的『Windows』」。

過去製造電腦的日本大型電機企業，有許多因抵擋不了商品化的浪潮，而不得不退出市場，而主導電腦作業系統的美國微軟至今仍舊穩居王座。在機器人的世界也是，能掌握電腦作業系統霸權的人最後就能掌握市場全局，這就是滝野執行長的打算。

007 OSARO

機器人控制軟體

美國

企業價值

能夾取炸雞的智慧型機器人

被視為MUJIN最佳對手的，是同樣研發工業機器人控制軟體的美國OSARO。其優勢是活用名為「深度強化學習」的AI演算法。

在自行反覆練習下，技術就能在短時間內大幅提升。英國DeepMind所開發的世界最強圍棋AI「AlphaGo Zero」也採用了這個技術。

若使用OSARO的控制軟體，就能做到將托盤上堆疊如山、形狀不一的炸雞一個個夾取下來，並且放到輸送帶上便當盒的指定位置。雖然這對人類是輕而易舉的事，對機器人來說卻是很大的難題。

機器能自己找出夾取的方法

一般使用工業機器人的操作方法，是事先登錄目標物品的形狀，再與相機的視覺資訊交叉比對；OSARO則是讓機器多次練習、理解物品的形狀特徵後，自行找出夾取的方法。

目標物的軟硬也由經驗判斷，在重覆練習幾次後，就能配合硬度與形狀，以適度的力量夾取。「即使一開始不順利，也會漸入佳境。」（德瑞克．普利德摩爾Derik Pridmore執行長）這技術已被物流中心採用，已經在二〇一九年開始運作。

市值預估超過兩千億日圓，被評為日本最受看好的新創獨角獸——人工智慧技術公司Preferred Networks也

運用OSARO的控制軟體，就能一個個夾取形狀不同的炸雞。左方為德瑞克．普利德摩爾執行長。
（Tex Allen　攝）

跟FANUC聯手，對「操縱機器人大腦」相關技術的市場虎視眈眈。在競爭日趨激烈的情況下，不斷考驗著OSARO機器人控制技術的真功夫。

008

Savioke
服務型機器人

活躍於大樓及醫院的家事機器人

美國

企業價值 —

另一方面，在人類身邊像「幫手」一般的服務型機器人也登場了。二〇一九年一月，房地產開發商Mori Trust，在位於東京都港區三十七層的辦公大樓開始提供運送商品至上方樓層的服務。負責運送商品的不是人類，而是位在美國矽谷的新創公司——Savioke所開發的服務型機器人「Relay」。

店員將機器人上方的蓋子打開、放入商品，再輸入住客所在的樓層及位置的編號。接著Relay就會移動去搭電梯，前往訂購人的樓層。至抵達為止所需的時間最短大約五分鐘。抵達時，訂購人的手機會收到訊息通知。

除了辦公室以外，Savioke的服務型機器人也被應用在醫療機構。在二十四小時全年無休的醫院中，機器人負責醫藥品及醫療器具的搬運，在人滿為患的走廊上安全移動也沒問題，還能追蹤運送了什麼藥劑，配送狀況及過程也能即時報告。

高級連鎖飯店也積極引進

美國高級連鎖飯店「萬豪（Marriott）」及「希爾頓（Hilton）」也引進了Savioke的機器人。房客在呼叫客房服務時，從食物、飲品到毛巾、牙膏等，都可以利用電梯送到指定房間。如此一來也間接降低了飯店營運的人事成本。

Savioke成立於二〇一三年，是由史丹佛大學電腦科學研究所博士、曾在美國IBM研究院任職的史提夫・考

在一樓的咖啡廳備好商品後，機器人會自行前往搭乘電梯，送達至顧客的辦公室門口。

辛斯（Steve Cousins）執行長所創辦。

日本企業也看好其未來性決定投資

服務型機器人的推廣，最先是從飯店業著手。在多方嘗試之後，不斷改善便利性與安全性。在飯店業先獲得了高度評價後，才拓展至辦公大樓及醫療機構使用。

Savioke也投注心力在日本市場，目前已有品川王子等飯店採用其服務。也獲得NEC及Mori Trust的投資支持。在科幻電影中出現的協作式機器人，理所當然地成為我們生活的一部分——這樣的時代已經不遠了。

Life Changing Innovation

第 3 章　革新大眾生活

009

Innit
雲端廚房調理平台 ── 美國 ── 企業價值 ──

以智慧廚房重現一流主廚的料理

現在，數位技術已參與我們生活的各個層面，從叫車到預約飯店，各式各樣的服務都能透過智慧型手機處理。但是在烹調料理方面，仍然被大多數人視為科技無法完全取代人工的領域。

儘管菜刀、砧板、爐子和烤箱的形狀自古以來大致不變，但來自美國的新創公司Innit打算挑戰每個人對料理的想像，只要透過Innit的「雲端廚房調理平台」，就能用智慧型手機操縱如美國奇異家電、荷蘭飛利浦、韓國三星電子等知名電器業者的智慧調理家電，並且完美重現一流水準的料理，Innit更以能遠距操縱全球至少數百萬台機器而打響名號。

假設今天你想做泰式綠咖哩，只要先打開Innit的APP，選擇該食譜，再挑選主食，例如用雞肉或魚肉，接下來選擇你要把哪一種加在咖哩上，步驟就像疊積木一般。而接下來，你可以在APP上完整看見選擇的食材烹調過程、卡路里、營養素等細節，點下「Cook Now」後，就會出現專家示範的調理影片，你只要照著做，再放進烤箱，接下來你的智慧家電就會自行烹飪了。Innit平台目前已經有上萬種客製化的食譜。

重現專家的「火候」

Innit最引人注目的特點，是其結合食譜與實際烹飪作業，使用精準的數據掌握烹飪的關鍵——火候。以雞肉來說，有分為多汁的雞腿肉、較柴的雞胸肉，其烹調細節就不同，即使是相同部位，也需要隨著食材的份量不同，配合不同火候。專業的廚師可以做到的，Innit也可以。

Innit與知名廚師合作，先讓廚師實際使用各個品牌的家電，從中取得火候等關鍵數據。例如「用奇異牌烤箱烤兩百五十公克雞胸肉時最適當的溫度跟時間」等，將使用者持有的機器與食材份量整合成客製化食譜，並以此為基礎操控家電，重現大廚的料理。

「智慧型家電業者賣著法拉利等級的產品，消費者卻用龜速行駛在街上。家電機能完全無法得到應有的發揮。」Innit的共同創辦人兼執行長凱文・布朗（Kevin Brown）表示。

與美國泰森食品（Tyson Foods）及瑞士雀巢（Nestlé）等大型食品業者的合作，更為該公司如虎添翼。只要掃瞄外包裝上的QR Code，該商品的食譜就會顯示在APP上。此外Innit也積極接洽與電商企業的合作機會，從二〇一九年起，家中缺乏的食材也能在Innit的APP上補齊。

Innit與它的姊妹APP「Shopwell（能排名食材是否適合自己喜好的服務）」會員數合計有兩百萬人。比起會員數量，更令人眼睛一亮的是，各業界

尤吉尼歐・明維爾（Eugenio Minvielle）會長（圖左）與凱文・布朗執行長。
善用智慧型手機就能做出專業料理（下圖）。
（左圖：Tex Allen、右下： Innit提供）

的巨頭們一致選擇與Innit結盟。「它是家電業者中最矚目的新創公司。」對食品科技頗有鑽研的日本投資公司SIGMAXYZ Inc.的市場研究專員岡田亞希子表示。

放眼全球兩千五百億美元規模的廚房家電市場，若加上食材雜貨，則上看八兆美元之譜。Innit想成功攻佔家家戶戶的廚房，可說還有非常大的成長空間。

010

Apeel Sciences

蔬果防腐塗層

防止蔬果腐敗的「魔法保護膜」

——美國

——企業價值1億5000萬美元

另一個受到關注的市場，是食材本身。具體而言，是指減少食材浪費與改善食材製造體系的技術開發。製造、開發蔬果防腐塗層的美國Apeel Sciences就是這樣的一間公司。

蔬果會腐敗的最大原因，來自採收後的乾燥狀態。離開冷藏倉庫後，直到被擺上超市的貨架，蔬果處於非常乾燥的環境，而乾燥會加速腐敗。Apeel Sciences的詹姆斯・羅傑斯（James Rogers）執行長指出：「蔬果有三％在運送途中、十二％在超市、二十五％在消費者家中報銷。」

為了讓食品廢棄量減半所開發出的產品，就是由釀酒葡萄採收後剩下的葡萄渣做成的獨門塗層。只要噴在採收後的蔬果上，保存時間至少就能延長兩倍。它的原理是在農產品表面作出植物成分的「保護膜」，保持內部的濕度，延遲造成腐敗的缺水及氧化情況，並且依照美國食品藥品監督管理局（FDA）的規範，食用上安全無虞。

希望減少全球半數的食品浪費

好市多（Costco）及克羅格（Kroger）等美國大型零售商已開始使用在不少蔬果上，據說用在蘆筍以及柑橘類水果上，也能達到維持長時間顏色及風味品質不變的效果。由於延長了蔬果陳列在店頭的壽命，營收更比採用塗層前多了兩位數的成長。全球每年因食物浪費造成的經濟損失高達九千四百億美元。「希望本公司的技術能減少全球半數的食品浪費。」（羅傑斯執行長）

Apeel Sciences的詹姆斯．羅傑斯執行長。
塗層使用與否，保存狀態迥然不同。
（左方照片：PJ Heller　攝）

011

MUSCA

以生物技術達到永續發展的品牌

日本

企業價值

用「蛆」來解除蛋白質危機

地球人口在二〇五〇年預計將超過九十億人，但早在那之前的二〇三〇年左右，「蛋白質危機」就會到來。隨著新興國家所得水準的提升，肉類及魚類的消費量急增，作為飼料的魚粉及穀物恐有不足的疑慮。

來自日本福岡的食品科技新創公司MUSCA，或許將成為這場蛋白質危機的救世主。

正確地來說，救世主是「蛆蟲」。MUSCA將獨家品種改良的家蠅蟲卵，撒在酪農場排出的牛、豬、雞糞上。八小時後蟲卵孵化，幼蟲（蛆）將吃下的糞分解，六天後變成堆肥。之後幼蟲要成蛹時會自行離開堆肥，此時再將堆肥回收、乾燥，接著做成粉末，就能成為高營養價值、可代替魚粉的飼料了。

日本國內每年有重達八千萬噸的畜糞，酪農戶正為此大傷腦筋。MUSCA不僅能以受託處理農家畜糞得到報償，生產出的飼料及堆肥又能進一步販售得利，「這是一舉兩得的生意模式」MUSCA的串間充崇會長說。一天可處理一百噸畜糞的一號設備將於二〇一九年秋天啟用。建造費用換算新台幣約為兩億八千萬元，即使不動用補助金，預計六至十年內即可回收投資成本。「這種設備可以設置在全世界二十萬個地方。」串間會長大膽估計。

前蘇聯進行多次品種改良的家蠅

MUSCA的家蠅，原本是前蘇聯為了在太空站中的糧食能自給自足，而培育出可在短時間內繁殖成長，並經過多次品種改良的產物。蘇聯瓦解後，國立研究機構將權利賣給了日本企業，並持續進行品種改良。「目前在技術層面上已經成熟，這會是解決蛋白質危機的關鍵手段。」串間會長肯定地說。

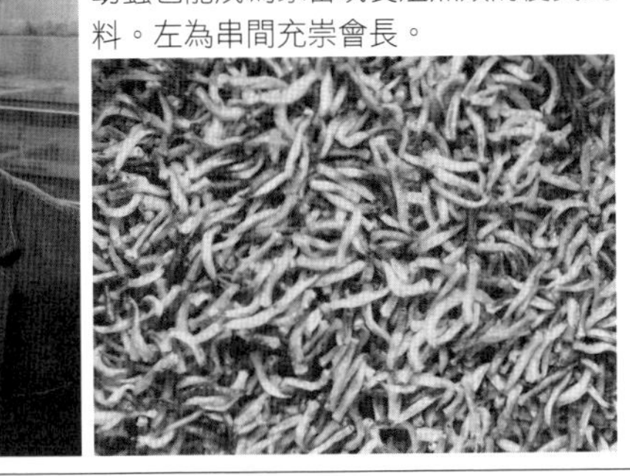

讓家蠅幼蟲（下）分解畜糞做成肥料。幼蟲也能成為家畜或養殖魚類的優質飼料。左為串間充崇會長。

012

Ninja Van

宅配服務 —— 新加坡 —— 企業價值 ——

完成東南亞「最後一哩路」的物流翹楚

就像綠底加上黑貓標誌的貨車，在日本已成了宅配的代名詞；而紅色貨車及黑衣裝束的「忍者」，也許已成為東南亞地區宅配服務的象徵。

那正是總部設在新加坡的最後一哩物流（Last Mile Delivery）——東南亞知名的忍者貨車（Ninja Van）的車輛。二〇一四年創業，只花四年的時間就將業務拓展至馬來西亞、印尼等六個國家。運用一萬五千台以上的貨車，每個月配送超過一千萬個貨物。它的強項在於就連離島的村莊也能確實送達。東南亞最大的網購公司拉薩達（LAZADA）也委託其合夥配送。

在東南亞要做到名副其實的「最後一哩物流」並不容易。過去各國政府的郵政事業雖曾著手處理，但貨物在途中下落不明的情況層出不窮，等到地老天荒還是等不到貨的例子更是時有所聞。

為什麼貨物無法送達呢？關鍵原因是地圖上的資訊不夠完備。各國發行的地圖早已過時，無法反映伴隨經濟成長瞬息萬變的道路現況；另一方面，像谷歌地圖這樣的數位地圖也不易操作。由於各個國家地址的表現方式各異，也讓搜尋程式難以詳實對應。

自行開發地圖資料庫

Ninja Van之所以能急速成長，是因為比競爭對手早一步解決了這個問題。將連結到GPS（全球衛星定位系統）的QR Code分配到所有的貨物上，也可透過智慧型手機掌握貨車的動向。結合了兩者資訊，就能導算出每件貨物分別走過哪些路徑、是否抵達了目的地。

在總部新加坡有一個專門團隊，分析駕駛實地確認過的道路狀況，再將其整合至自行開發的住址與地圖資料庫。而隨著配送的貨物量越多，地圖也就越精確。只要操作這套系統，讓系統顯示出最佳配送路線的話，就再也不需仰賴熟悉路況的駕駛了。事實上，該公司的司機大多是兼差的計時人員，而現在靠著一支手機，就讓新手也能有不輸老司機的表現，因此Ninja Van能在短期間內建立起大範圍的最後一哩配送網。

在東南亞，新加坡的Grab及印尼的Gojek等擁有百萬台以上車輛及司機的共乘業者，相繼投入了宅配服務市場。二〇一八年十二月Gojek與永旺夢樂城（AEON MALL）合作，展開了司機在店鋪前待命、將商品配送給附近消費者的服務。

這股共乘服務的勢力想以物量來阻擋Ninja Van的去路。但看不出賴昌文（共同創辦人兼執行長）對此有任何戒慎恐懼，因為他看出，對方不論在大量貨物的載運架構，或是縝密的配送系統方面，都還稱不上是自家的對手。

Ninja Van針對寄件人提供包括配送、貨物追蹤等多種服務。「要把共乘服務追加進選單也是可以。」賴執行長露出帶有餘裕的笑容，這是打算將共乘勢力拉攏進

Ninja Van的賴昌文執行長原本為金融機關出身，有感於東南亞國家物流的不便，進而自行創業。

來，做為該公司物流網之「交通手段」的戰略。只要擁有連「最後一哩路」也很精確的地圖系統，就能掌握住這龐大市場的霸權，賴執行長如此確信著。

013

用手機APP解決農家物流的煩惱

63IDEAS INFOLABS

農產品物流服務

印度

企業價值

另一位投身最後一哩物流的「忍者」，位於印度的班加羅爾。那就是著眼於全球規模第三大農產品市場、拓展物流服務「忍者購物車（Ninjacart）」的63IDEAS INFOLABS。它建立的基本架構是，農家只要在手機上利用指定APP，就能將所有要配送至集貨處或零售商的商品整合至忍者購物車。首先，農家將採收的農產品拿到該公司在各個村落的集貨中心，集貨中心再將農產品區分等級後計算數量，發送至規模更大的出貨中心。之後再透過市區內的流通中心將所需數量分派至零售業者。

忍者購物車的優勢，在於擁有能達成供應鏈優化的軟體。不僅能計算貨車的裝載容量與所需車輛數、可即時上工的司機人數等，還能規劃出最佳路線。在農家、配送夥伴、忍者購物車之間達成資訊共享下，方能實現如此高效率的物流系統。

透過排除中盤商提升農家的獲益

忍者購物車透過上述方式排除中盤商，縮短了從採收到銷售的前置時間及配送成本。使用該公司物流平台的農家已達四千五百戶。據說利用該服務的農家平均實拿收入相較過去多了兩成。此外，運用AI也能提供農家最佳的收穫量預估及出貨日建議。共同創辦人兼執行長提羅庫蘭．內加拉揚（Thirukumaran Nagarajan）表示：「農家會自動將合作成功案例口耳相傳，無形中替我們建立口碑，成為我們拓展事業的推手。」二〇一八年底更達到單日經手三百噸農作量，是過去五個月的兩倍。二〇一九年已擴大到一千噸以上。除了班加羅爾以外，也在清奈及海德拉巴等主要城市，配送蔬果至四千家以上的零售業者，範圍逐步擴大。二〇一八年十二月更成功調度了三千五百萬美元資金，並於二〇一九年四月向美國投貨基金追加調度了一億美元。

將自家農產品委託給印度農業物流服務──忍者購物車的農戶正在增加。

014 志在成為無人車用3D地圖的「標準」

Mapper
3D地圖 — 美國 — 企業價值 —

前兩篇是介紹活用智慧型手機，逐步架設獨特物流網的兩位「忍者」。不過，若要考慮到更長遠的發展，也必須密切注意新的競爭標的。尤其在未來，隨著無人車的普及，提供給「機器」看的地圖就是一個新的市場需求。人類能夠憑藉著周遭景物判斷目前所在地，但對機器而言，詳細的3D地圖是不可或缺的。

而矢志成為該領域標竿的，就是二〇一六年於美國創立的3D地圖新創公司——Mapper。

與美國Uber同樣組織了自由駕駛、在車上裝設自家開發的感應器。透過Mapper專用的APP指示路線後，系統就會過濾出自動駕駛車輛所需的必要資訊，例如車道、暫時停止標誌、甚至是路樹分布狀況等，立即生成最新的3D地圖，並且達到即時更新，以公尺為單位的精確度為無人車導航。

在自動駕駛車輛的領域除了德國奧迪、美國通用汽車、日本豐田汽車等大企業以外，新創公司在其技術開發上也是如火如荼。不僅在小客車，在卡車及機器人計程車等商用車類的自動駕駛技術開發也正火速進行中。Mapper欲大力推動自家的3D地圖技術進入這個崛起的新興市場。

提供3D地圖給激增的自動駕駛新創公司

事實上，光是在美國舊金山，就有七十五家公司已取得無人車開發執照，申請中的公司也多達兩百家。這些業者所需要的最新區域地圖，「我們二十四小時內就能出貨」（尼奇爾・奈卡爾Nikhil Naikal執行長）就是Mapper的強項。

即使谷歌已製作出涵蓋全球的地圖，共乘車輛也跑

製作無人車專用地圖的Mapper。車上搭載的是該公司開發的3D地圖製作裝置。（Tex Allen　攝）

遍了大街小巷，但新的移動服務伴隨的新需求，仍留有大片的空白地帶未被填滿。能搶先一步著眼於此的新創公司，躍上世界舞台是指日可待的。

The Fusion of The Internet and The Real World

第 4 章 融合網路與現實

015

盒馬鮮生 Hema Fresh

超市的虛實整合

中國

企業價值

融合現實與網路的生鮮超市

在眾多市場中所向披靡、零售商中的霸主——美國亞馬遜，也有陷入苦戰的巨大市場，那就是中國。在電子支付普及的背景下，當地催生出最尖端的商業模式。

當來到「盒馬鮮生」在上海市的一間超市，第一印象就是採用最新技術的展示櫃。在水產養殖箱中的魚蝦、新鮮的蔬菜等，所有商品上都貼有QR Code或條碼。用手機掃描讀取，立刻就能得知產地及物流途徑等資訊。當然，也採用行動支付。食材購入後，超市內附設的餐廳就能直接幫忙烹調，所以一到假日，就湧入許多攜家帶眷的客人。

結合了餐廳與超市的「超市餐廳（Grocerant）」，看似只是導入了數位技術而已，但盒馬鮮生的真工夫還在後頭。對該公司來說，這部分的業績只不過佔總銷售額的四成以下。

剩下的六成以上，仰賴宅配。祕密就藏在店員的動作中。一邊看著電腦螢幕，一邊像顧客似的將商品裝進袋子，然後掛在後台隱蔽處的掛勾上。接著袋子被送到了天花板，輸送帶發出喀啦喀啦的聲音消失在店面的後方。

一顆水果也免運費宅配

盛放在袋子中的，是消費者在網路上預訂的商品。店面後方有配送員待命，拿到袋子後隨即騎上摩托車出發。住在距離超市半徑三公里以內的客戶，在下訂後三十分鐘內就能收到商品。來店的客人也只要在店頭確認商品、回家下訂，就可以不必自己大包小包提回家。「就算一顆水果也免運費。雖然與附近的超市相比多少貴了些，但知道店鋪的東西新鮮，最後就使用了」住在上海的一位女性顧客表示。

盒馬的執行長侯毅表示：「我們將線上及線下完全以同樣價格、同樣的市場策略、同樣的系統加以整合。」雖然不能否認這背後有中國較為低廉的人事費用撐腰，但也為我們展現了「融合現實與網路」的其中一種方式。

盒馬為中國阿里巴巴集團旗下企業之一。雖然盒馬本身的營業額為非公開資訊，但阿里巴巴二〇一八年四月至九月的營業收益較去年同期減少三十六％，為兩百一十五億人民幣（約新台幣九百四十億）。一般認為是肇因於企業數位化及配送員的雇用等，提高了投資成本的影響。即使如此，展店的腳步仍加速中，自首間門市開幕起不到三年，在全中國已展至一百一十家店。雖然這可說是對零售業的將來有信心的表現，但中國特有的嚴苛競爭環境也是其中一項因素。

對手是無倉庫的超市

在網路購物的市場中，阿里巴巴最大的對手——京東集團在二〇一八年以相同的概念成立「7FRESH」。位於北京市的大族廣場店面積為四千平方公尺，副店長李強說：「這家店沒有倉庫。空出來的地方可以比相同面積的超市多陳列一～七千種品項。」無倉庫是京東的優勢，運用自家物流系統，接單的商品大部分都可隔日送達。且透過網購事業治煉出的大數據分析，能更精準有效地執行庫存管理。

016

Flipkart

網路銷售

打動了沃爾瑪的印度大型網購

印度

企業價值160億美元

就像被中國展現出的未來性所觸動，美國的零售業巨人也積極投資出擊了。亞馬遜二〇一七年以一百三十七億美元併購了美國高級超市全食超市（Whole Foods Market）。美國沃爾瑪二〇一八年於下一個蓄勢待發的市場——印度，以一百六十億美元將大型網購企業Flipkart納入旗下。一般認為是沃爾瑪感受到該公司在印度所擁有的物流管理與支付技術的強大發展潛力。

Flipkart是在二〇〇七年由印度創業家比尼．班薩爾（Binny Bansal）離開亞馬遜的工作後，與朋友兩人共同創業的公司。當初只有販售電腦相關商品，不過隨著併購多家企業後，對象商品擴大到家電、手機、服飾等，並成長為印度最大的網購企業。二〇一七年在印度用手機購物訂單中，Flipkart佔比達五十一％，遙遙領先亞馬遜的三十三％。服飾類也在當地握有高市佔率。

Flipkart在印度為什麼能強壓亞馬遜呢？祕密就在Flipkart於子公司Ekart所推動的物流服務。Ekart原本是Flipkart公司內部的供應鏈部門，因為也接受其他電商企業的物流委託而成長。目前Ekart一個月處理的貨物量是一千萬件，其中在五十個城市保證隔日配送、十三個城市當日寄當日配送，也提供貨到付款服務，以這些過去在印度被視為超乎想像的做法打響名號。

打造出不輸亞馬遜的物流架構

因此，Flipkart 以外的電商企業也會委託Ekart。一路穩紮穩打建立起一套不讓亞馬遜專美於前的物流架構，是確保Flipkart競爭力的強大支柱。而注意到Flipkart的伯樂，就是美國的沃爾瑪。沃爾瑪在與亞馬遜的投標競爭中勝出，投入鉅額資金，拿下了Flipkart。打算透過擁有全球最大規模的快速成長市場，提升自己對抗亞馬遜的實力。Flipkart能如此成功開拓公認難以推動電商的印度市場，更使得沃爾瑪對其寄予厚望。

017

b8ta

體驗型科技商店

美國

企業價值

實體店的逆襲，靠數據來獲利

如何串連實體與虛擬通路、完全掌握顧客消費動向，已演變為一場全球零售業者越演越烈的爭霸戰。其中握有大筆資金的巨型企業動向雖然仍是主旋律，但其中也有不容小覷的新創公司。

總部位於美國舊金山的b8ta，就將原先傳統讓零售業者感到苦惱的消費者行為，逆向操作成新的收益來源。該行為就是消費者在店裡檢視商品，回去再透過網路下單，使得實體店鋪淪為展示空間的現象（Showrooming）。

b8ta乾脆直接將實體店鋪定位為各品牌展示空間。營收全部歸業者，b8ta則將消費者對於展示商品的反應數位化、提供給業者，然後每月收取固定費用。由該公司直營的家電零售店鋪的基本面積約為二百八十平方公尺，幾乎等於日本便利商店的兩倍，其中設有一百五十台攝影機。這是為了能以秒為單位，拍下、計測顧客在哪個商品前面停下來、是否觸碰或試用商品。店員與顧客間有關商品的對話內容也會逐一化為文字，登錄於顧客應對資料庫。業者可據此分析消費者對商品的反應。

「Amazon Go」將攝影鏡頭用於無人商店的結帳系統，b8ta則是活用攝影機將消費者的反應回饋給業者。不僅谷歌在「Google Home」等促銷上採用了b8ta，多家智慧型家電新創公司也選擇其做為銷售通路。

b8ta除了將自家店舖拓展至全美十四個據點以外，也與全美第二大連鎖賣場「Lowe's」合作。對於目前市場上的零售商，也開始提供其從展示空間來營利的架構。當全球各地以實體店鋪為經營基礎的零售業者，因為不及因應網路與電子商務的發展而坐困愁城時，b8ta靠著活用數據分析技術與資訊，逆向操作，成為其獲利的契機。

於是我們相信，只要經營者朝理想勇往直前、持續與時俱進，仍然可以走出一條活路。

b8ta在全美第二大連鎖賣場「Lowe's」店內設置的展示廳。

018

志在成為雲端醫療的「業界標準」

TytoCare
居家診察裝置

——以色列——

——企業價值——

拖著沉重的病體好不容易來到醫院，輪到自己看診卻還得等上一段漫長的時間……。在這個不斷講求效率的社會，唯一例外的可能是醫療現場。許多新創公司將這一點視為大好商機，競爭日趨激烈。

最先嶄露頭角的是二〇一二年創立於以色列的TytoCare。它是一家運用獨自研發的診察裝置，志在成為「線上診斷實務操作的標準」的企業。

許多企業及醫療機構已經透過智慧型手機使用線上看診系統，但都面臨相同的問題——那就是透過視訊看診，無法觀測「喉嚨紅腫（鏡頭不易拍攝）」或「呼吸不順」的情況，很難達到實際面對面那樣進行全面性的診斷。

能進行內耳及喉嚨紅腫狀況的攝影

為了解決這個問題，TytoCare開發了家用診察裝置。透過替換零件，便能在同樣條件下拍攝內耳及喉嚨紅腫的狀況。手機APP中也有搭載確認機能，可得知裝置要對準胸口的哪個位置才能正確記錄呼吸聲。歐佛・塔薩迪克（Ofer Tzadik）營運長：「我們想做出能讓每個家庭都常備一台的診察裝置。」

患者能在網路上共享數據資料，更方便接受醫師的遠端診斷。二〇一六年獲得美國食品藥品監督管理局（FDA）診察裝置認證，在美國有兩萬名使用者。二〇一八年透過與中國大型保險公司——中國平安保險的投資合作，加速邁向全球市場。已從投資基金等處獲得了八千八百萬美元（約新台幣二十六億六千萬元）的資金挹注，並計畫於二〇二〇年達到十萬名以上使用者。

當醫療數據日積月累，AI能協助醫師的範圍就會逐漸擴大。十年後，或許輕微感冒只需在家就能看診，屆時TytoCare成為大眾的診療平台也不令人意外。

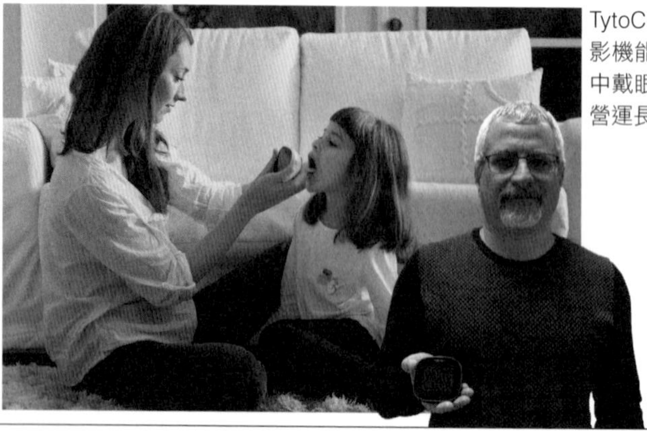

TytoCare獨家開發出附攝影機能的診察裝置。左圖中戴眼鏡的男子為該公司營運長歐佛・塔薩迪克。

019

OrCam

協助視覺障礙者圖像辨識裝置

——以色列

——企業價值10億美元

能朗讀文字的眼鏡配件裝置

希伯來大學的阿姆農．沙書亞（Ammon Shashua）教授因為將自動駕駛車用半導體公司MobileEye以高達近新台幣四千八百億元賣給美國英特爾，成了以色列新創界的傳奇。他目前正傾力於一個新計畫——那就是於二〇一〇年創立，由他擔任會長兼技術長的醫療保健企業OrCam。

為什麼選擇健康事業呢？沙書亞教授這麼解釋：「自動駕駛與醫療保健在根本上是有共通性的。因為都利用圖像辨識、AI分析技術，進而輔助人們的行動。」

輔助視力衰弱的人

OrCam所製造的，是一種能裝配在視力衰弱者的眼鏡上，進一步以語音輔助其讀取眼前文字、辨識物體的裝置。如下方的照片，將內建攝影機的裝置配戴於鏡框上，一邊看書一邊手指文章，指出的部分就會出現語音朗讀。另外則是能辨識眼前來者、並以語音告知此為何人的機能。

全世界大約有兩億人以上的視覺障礙者，潛在市場相當龐大。OrCam已募得約新台幣二十八億元的資金，在全球二十個以上的國家銷售。不過，研發的不只是眼鏡配戴型裝置而已，沙書亞教授將右手放在胸前的機器說道：「這個小小的黑色裝置可以記錄你的臉部及對話，自動在手機上製作行動軌跡。過去的眼鏡配戴型裝置在有網路的狀態下記錄配戴者的行動，但這個裝置幾乎可以掌握所有時間的行動，跟缺乏內容過濾機制的谷歌眼鏡（Google Glass）不一樣。」

在派對這種聚集了不特定多數人的場所，據說該裝置能將擋掉無關人士間的對話，只收集與自己談話

將OrCam所開發的裝置配戴於眼鏡上，一指著文章，就會有語音朗讀出該文字。

者的對話，並且顧及個人隱私，機器所收集到的資訊不會上傳到雲端。

「這個裝置也可以做為助聽器使用。還能輔助聽覺障礙者，運用圖像辨識及AI判讀對方的唇部動作。我想最能拓展AI可能性的就是醫療領域了吧！」沙書亞教授說。

020

目標「零失誤找出癌細胞」的AI新創公司

AI Medical Service

內視鏡圖像解析

—— 日本 —— 企業價值 ——

將圖像辨識技術應用於醫療保健並非是以色列的專利。二〇一七年創立的AI Medical Service，利用AI解析日本向來專精的內視鏡圖像，立志讓消化器官癌症與發炎的自動判讀系統確實應用於今日的醫療手術中。

日本的內視鏡技術雖然堪稱數一數二，但隨著醫師能力的不同，未能及時發現癌症病變的例子約佔兩成以上，有時更需要二次判讀。AI Medical Service的目標是透過AI技術解決這樣的問題，並提升發現食道、胃、大腸及小腸等部位癌細胞的精確度。

目標二〇二〇年事業化

於二〇一九年進行臨床實驗，快則二〇二〇年能取得藥商許可執照，正式將產品商業化。「用AI集合了擁有世界最高水準技術、約一百名內視鏡專業醫師的智慧，『零失誤』判讀癌細胞是我們的目標。」多田智裕會長兼執行長表示。

多田執行長創業的契機是來自其身為臨床醫師的煩惱。執行超過兩萬例的內視鏡檢查，他不斷思考，是否有什麼辦法能不錯失任何癌症病變的治療先機？

即使是資深醫師也難以發現的微小病變

AI Medical Service精查內視鏡的圖像。僅花了0.02秒便找出只有資深專業醫師才能判讀的胃癌病變。多田智裕會長兼執行長曾是位臨床醫師。（尾關裕士　攝）

即使是具有十年以上經驗的醫師，要發現微小病變也有難度。不過，若能運用日新月異的AI技術進行圖像識別，就能克服這個問題——AI Medical Service便在這樣的想法下誕生了。運用深度學習（Deep Learning），讓AI學習龐大的圖像資料，達成在專業醫師平均之上的判別精度。在此技術的發展下，消化器官癌症的內視鏡檢查將更有效率，診斷的精確度也更為提升。

在醫療保健領域中，AI的應用才正起步。企業成長的關鍵，看來就取決於能多快將尖端技術應用在實務上。

改變世界、蘊含巨大潛能的新創新星，不僅是以上介紹的二十家。下一章起，將依領域別為各位介紹達八十家的新創者們。

Business Communication

第 5 章 商務資訊交流與共享・自動化

021

Automation Anywhere

RPA

美國

企業價值26億美元

運用機器人將白領階級的工作自動化

就算工廠的作業能自動化，一般白領上班族的工作總不可能都換成機器人來做吧？這樣的認知，正代表你不了解最新趨勢。

「將客戶名單上的姓名和電話號碼影印下來，再貼在文件上」「將營業額key進Excel表」……能代替人類自動處理諸如此類的辦公室業務，名為「RPA（Robotic Process Automation，機器人流程自動化）」的軟體機器人技術正廣受矚目。AI技術能學習人類的行動，而軟體機器人能不分晝夜、有效率的工作。

在公司、銀行、製造業、廣告代理商等眾多領域中，引進軟體機器人的行動正火速展開。由於執行重複性高的作業人手不足，加上呼籲勞動方式改革以減少過勞的聲浪襲來，許多企業不得不正視運用RPA的課題。

因為利用RPA而受到全球矚目的就是美國Automation Anywhere。總部設於矽谷，事業拓展至全球二十個國家，員工一千四百人以上，擁有超過一千六百家企業客戶。

學習人類的行動代為完成作業

過去許多企業曾推動IT系統化，但在達成系統化的過程中所需的資料輸入等作業，多仰賴人力進行。

在整體業務中，達成系統化（自動化）的僅不到二十%，剩下八十%的部分還是需要人手。將這個部分以軟體機器人來自動化的技術，就是RPA。

白領階級的工作有不少例行公事，像是需要定期將更新資料輸入電腦上的計算軟體等，這樣的工作已經可以逐漸從人類轉移至軟體機器人身上。

學習人類行動進行自動化的RPA正在普及化，不僅在國外，加速推動勞動方式改革的日本也有巨大需求，因此還有很大的成長空間。

022

BizReach

轉職資訊

日本

企業價值341億日圓

在獵頭型轉職服務中造成一股旋風

「完全是即戰力啊！請務必來我們公司上班」「這麼厲害的人你到底從哪找來的？」被剛結束面試的上司這麼一問，人事部的女職員豎起食指說：「BizReach!」這支電視廣告相信不少人都看過。這支以「聽見上司的心聲」的創意廣告打開知名度的，就是提供轉職資訊服務的BizReach。二〇〇九年創業，二〇一八上半年度營業額約為新台幣四十四億元，營業收益近新台幣兩億元，成長迅速。

該公司的主力事業為提供高階人才轉職資訊服務的「BizReach」。於BizReach註冊登錄的應徵者能直接收到來自約三千位人才招聘顧問、企業人事主管的洽談。BizReach的公開徵才數為十二萬件，其中更有超過三分之一為年收入新台幣兩百八十萬元以上的職缺，而有轉職意願的會員數達七十一萬人以上。

一直以來高階人才轉職時，多是透過一至三人左右、認識的獵頭顧問幫忙尋找適合的公司。而登錄於BizReach的話，眾多包含外商、中小企業等各有擅長領域的獵頭顧問就有可能前來聯絡。就應徵者的角度來看，能夠找到許多不同類型的候選公司，可說是很有效率的，而錄用的企業方也會受益。因為不只透過獵頭公司尋找人才，人事主管也能自行登入BizReach的資料庫搜尋符合條件的候選者，直接與其接洽。若急著找人的話，可在短時間內面試多位應徵者。這樣的服務對於企業人事主管可說是搔到癢處，也是BizReach迅速成長的最大助力。

以「透明化」促進人才流動化

該公司除了BizReach以外，也進行各種其他事業。有專供二十幾歲年齡層轉職的「CareerTrek」、訪問學長姐的網路交流服務「BizReach Campus」等。除了年輕人以外，即使是中高齡者，不執著在一開始任職的公司永久待下去、有意轉職的人口正在增加。運用IT讓以往看不到的轉職資訊「透明化」，也會成為促使人才流動的一股推力。在人才嚴重不足，或職缺長期找不到人的情況下，像BizReach這樣兼顧個人與企業兩者，達成高度便利性的人才招聘服務，可說是商機無限。

023

GitHub

原始碼管理服務平台

美國

企業價值75億美元

三千一百萬個開發者的平台

於二〇一八年受到微軟公司以七十五億美元併購而聲名大噪的美國GitHub，其所經營的是，將軟體製作基礎的「原始碼」提供給開發者共享的網站。近來除了個人使用者以外，對於企業的軟體研發團隊也成了不可或缺的存在。

GitHub是以版本控制管理系統「Git」為基礎。原本在撰寫程式時，一旦修改錯誤的地方，常常會導致原本在跑的軟體突然不能動了。此時若使用Git的話，就能輕易回復到過去某個時間點的狀態。不僅如此，原始碼何時更動、由誰更動、被如何更動的資訊也會一併記錄。

賦予Git新機能、使團隊在開發上更順手的正是GitHub。此外還有Bug管理、有效進行程式碼審查等功能可供使用。

由於具備能一目瞭然某原始碼的除錯（debug）及追加機能何時可啟用的優點，

使用上逐漸普及。於是，許多原本在公司內部管理原始碼的企業，也改為利用GitHub管理了。

成為判別程式設計師是否優秀之處

企業將原始碼存在GitHub的網站時，需要支付一筆費用，這是GitHub的收益來源。為了看出程式設計師優秀與否，評價其在GitHub上的原始碼作品來做為錄用依據的企業也逐漸增加。不僅如此，這裡也是軟體技術同業資訊交流的場所。

隨著AI（人工智慧）與IoT（物聯網）的應用普及化，開發適用軟體的需求正加速度成長。其中跨越企業、組織藩籬，由技術者們共同開發的開源軟體（Open Source Software，又稱開放原始碼）更是激增。而GitHub正是在數位時代不可或缺的一員，才能使微軟不惜耗費巨資納入麾下。

024

PatSnap
專利資料庫

英國

企業價值

將全球的專利、商標資料庫化

從事涵蓋全球專利、商標、技術資訊等巨大資料庫的經營，支援八千家以上企業的研究開發──它就是英國的PatSnap。二〇〇七年設立，顧客遍及四十餘國。已從美國矽谷的知名創業投資公司（Venture Capital，簡稱VC）紅杉資本（Sequoia Capital）等來自全球的投資家手中募得共超過一億美元的資金。

從美國太空總署（NASA）及美國國防部、到輪胎大廠固特異（Goodyear）、日本高砂香料工業等，PatSnap風靡了眾多組織與企業的理由，是它建立了對研發工作大有幫助、能使用自如的優秀平台。

該平台除了提供各個領域專利技術資訊的搜尋功能，也提供從智慧財產權資訊中調出競爭對手的相關內容及技術偏好等分析功能。此外，也提供能瞭解未來技術及市場變化的「商業智慧」（Business Intelligence）資訊，以及協助管理智，智慧財產權相關流程的「Workflow」。

專利資料庫除了網羅全球一億三千萬件專利內容以外，也提供針對專業領域的服務。例如在生物科技方面，能對龐大數量的專利中超過三億件的蛋白質與DNA、RNA排列進行搜尋和分析。在化學方面，除了專利資訊，也提供法律和訴訟相關訊息、IP授權及補助金的情報。

提升研究開發效率是最迫切的課題

二〇一八年全球研究開發費用約達新台幣六十六兆四千億元，但相較過去三十年間的全球研發效率卻下降了六十五%。因此，對於企業來說，提升研究開發效率是迫切的課題。

透過活用大數據與AI，前所未見的新創產業紛紛出籠。其中，能從資訊的巨浪中直接取得對研發有益的情報、並提供可分析平台的PatSnap，正受到全球企業的高度關注。

025

Sansan

名片共享管理服務

日本

企業價值506億日圓

公司共享名片資訊、營業效率化

將多位職員們各自換來的名片掃描、化為檔案，讓公司可以統一管理，共享人脈資源，這就是透過雲端名片管理服務而急速成長，來自日本的Sansan。

「取得的名片不應該是屬於個人的嗎？」、「沒有對方的允許而在公司內部共享，這樣好嗎……」感到排斥的人也不少。

但是，對企業而言，職員們能共享名片資訊肯定是有好處的。例如在推動業務方面，若能將沉睡在職員們抽屜中的名片一一數位化、跨部門共享，將更易於開發新客戶。因為即使是未曾與自己交換過名片的企業負責窗口，也能取得其聯絡方式。只要事先向有跟對方交換過名片的同事打聽需要特別留心的事項，先行知會過再向對方聯絡的話，就能降低造成打擾的可能性。

此外，在人事異動時也能避免錯誤發生，讓職務交接更為順利。交易對象的窗口是誰，馬上就能掌握，可更清楚了解前任者至今所接觸的人脈。

名片管理APP也廣受歡迎

此外，異動資訊的更新也更容易了。該公司另外還有一個頗受歡迎的名片管理APP「Eight」。Eight的使用者只要更新自己的名片資訊，雲端名片管理服務的資訊也會隨之自動更新。此外，像是「日經數據庫（Nikkei Telecom）」等人事資料庫有更新時，也會自動通知使用者。

在外部合作上，Sansan也與支援業務軟體大企業——美國Salesforce.com合作，希望將登錄於Sansan雲端名片管理服務的客戶、負責人等資訊，活用於業務活動與客戶資訊管理上。

目前在綜合商社、大型不動產公司、藥商、大學等，Sansan的使用越來越普及。將名片管理數位化、在組織、企業內共享的新概念，正在顛覆原本的商務常識。

026

Udemy
線上學習

全球最大線上學習平台

美國

企業價值1億7300萬美元

「從素人變網頁設計專家！」、「從零開始的數據分析」、「靠文案提升成交率！」……提供超過十萬個課程，擁有兩千四百萬線上學習者的全球最大線上學習平台，就是總部位於美國矽谷的雲端教育新創公司——Udemy。

內容雖以提升商務或IT技能的實用性講座為主，但藝術、健康、音樂等課程也一應俱全。它的架構是提供一個平台，讓擁有各方專長的講師們，就自己擅長的主題開設線上課程。利用影片、簡報軟體、PDF檔及語音等上傳、製作課程教材，特色在於人人都有機會成為線上講師。講師數量目前已超過三萬五千人，並支援六十種以上的語言。據說熱門課程的講師中，有藉著開課達到年收入一百萬美元的例子。雖然跟大學提供的學術型開放式線上課程相較，無法得到大學的學分認定，但能夠更簡便地聽取許多對工作上有幫助的講座，仍然為Udemy搏得高人氣。

創辦Udemy的是來自土耳其的艾倫・巴利（Allen Bradley）。因立下了將線上學習支援服務事業化的目標而移居美國矽谷。二〇〇九年，成立公司的想法付諸實行，二〇一〇年線上平台開始營運。最初在募集資金時頗為辛苦，但隨著建立的網站熱度攀升，也接連得到創投公司的資金挹注，事業得以擴大經營。

福斯汽車（Volkswagen）與愛迪達（adidas）也是愛用者

不只是個人，目標也對準法人市場。在名為「Udemy for Business」的企業導向學習平台上，提供了三千個以上的商務相關課程。最受歡迎的有「開發iOS手機應用程式的快速入門到實戰課程」、「探討數據科學中的Python與機械學習工作坊」等。德國福斯汽車與知名運動品牌愛迪達、美國線上支付服務PayPal、配車服務業者Lyft等，也為了加強員工的技能而成為該平台使用者。

以「技能共享」為企業標語的Udemy，二〇一五年在日本與倍樂生（Benesse Corporation）結盟拓展事業。除了提供從台幣三百元到近萬元不等的課程以外，也有免費講座與期間限定折扣服務，積極拓展更多客源。

027

Unity Technologies

三次元電腦繪圖開發工具

美國

企業價值28億美元

運用3D之CG開發工具創造假想世界

戴上護目鏡，在假想空間中彷彿身歷其境的VR（Virtual Reality，虛擬實境）以及像「寶可夢GO」能在實際風景中重疊上虛擬視覺的AR（Augmented Reality，擴增實境）持續受到關注。

提供包含這些VR及AR等各式3D內容製作開發工具的，是來自美國的Unity Technologies。它提供全球最廣為使用的即時3D（Real-time 3D）開發平台。例如，現行的VR及AR內容有六十%皆利用了Unity的技術，據聞在手機遊戲的市佔率也達五十%。

Unity的合作夥伴包括谷歌、微軟、臉書、Oculus（之後成為臉書子公司Facebook Technologies）、日本索尼、任天堂等。Unity的千人技術團隊所建立的支援體制，確保提供用戶最新版的軟體等服務。

3D過去幾乎都給人的印象總是應用於電腦遊戲，但近來範圍已擴及汽車、建築、電影、工程等多樣領域。

活用MR進行汽車的驗車作業

例如在汽車方面，豐田汽車在驗車作業中採用了微軟應用MR（混合實境）技術、名為「HoloLens」的護目鏡型裝置。可將來自電腦輔助設計系統（CAD，一種自動化繪圖設計系統，可進行實物模擬）製作的3D模型及零件資訊，重疊顯影在實際車體上。在維修時，透過拆下的零件與3D模型重疊比對，便能夠進一步協助突顯問題的來源，也能將位於車體深處、表面看不到的零件經由投影可視化。

善用MR技術也可以提升維修與檢查作業的精確度。資深技師要遠距指導後進時，也能派上用場。對於開發與提升3D技術的應用，Unity功不可沒。

從丹麥搬到矽谷

Unity是在二〇〇四年由大衛．赫爾加森（David Helgason）一行人於丹麥的哥本哈根創立。最初是遊戲公司，之後轉型為遊戲軟體開發。總公司遷至美國舊金山後，獲得在IT界頗具盛名的美國創投公司紅杉資本的支持，事業逐步擴大至今。目前據點遍及全球二十七國，擁有兩千人以上員工。

在3D應用以爆發性的速度普及下，Unity作為幕後的牽引者，其地位越來越不容忽視。

Entertainment/
Lodging Service

第 6 章 娛樂・住宿服務

028

字節跳動科技 Byte Dance

影片共享APP — 中國 — 企業價值750億美元

影片共享APP「抖音」席捲全球

配合著音樂對嘴、跳舞，十五秒左右的短片共享平台「抖音（TikTok）」在二〇一八年造成轟動。十幾到二十幾歲的手機重度使用者蜂擁而至，抖音的高人氣關鍵在於，可從眾多涵蓋西洋、日本流行音樂中挑選喜愛的曲目，輕鬆編輯成影片。

開發抖音的是來自中國的字節跳動科技。在全球使用者爆增的推波助瀾下，企業估值來到約新台幣兩兆三千億元，凌駕在美國載客車輛租賃服務龍頭的Uber Technologies之上。

抖音的服務開始於二〇一六年十月，隔年八月起進軍海外市場。在歐美，雖然先有同樣來自中國的「musical.ly」拔得頭籌，但抖音後來將其收購，統合兩服務平台後更增加了使用者。

然而，影片共享服務，明明已經有相當普及的美國Youtube，為何抖音還能大放異彩呢？最主要的原因是使用者能簡易地製作短至十五秒的影片、相對不需花費太多時間觀看，尤其學生利用學校下課十分鐘就能輕鬆拍攝和上傳。

此外，相較於原創內容，跟著背景音樂對嘴或跳舞較不必擔心有被「噓爆」的風險。在下課時間或放學後拍有趣的影片上傳，在朋友間的迴響也很大。當獲得了許多「♥」時，更誘發使用者「要上傳更多影片」的意願。

大受歡迎的「對嘴」影片

「抖音」中最受歡迎的是「對嘴」影片。另外，在

抖音（TikTok）短片瞬間在年輕世代造成轟動。

抖音上還能輕鬆套用「濾鏡」、「美顏」特效，這也成為對年輕族群的一大吸引力。

要自己想出原創內容的難度較高，如果是模仿既有的影片，進而改編成自己風格的話就容易多了。即使不是自己的興趣或專長，也能輕鬆發布影片，是得到使用者青睞的原因。而製作短影片的技巧與訣竅，在APP中也有詳細的解說。

雖然還有個更加廣為人知的影片分享平台YouTube，但因為在影片編輯上相對花時間，對於沒有相關知識的年輕人來說，想上傳影片的門檻稍高一些。因此，只靠一支手機就能輕鬆拍攝、編輯、上傳影片的抖音才能乘勢竄起。

029

Niantic

AR遊戲APP

美國

企業價值40億美元

「寶可夢GO」的下一步是「哈利波特」

開發出引起全球熱潮的智慧型手機AR遊戲「精靈寶可夢GO」的美國Niantic，自二〇一六年上線，到二〇一八年全球已累計突破八億玩家。除了美國、歐洲及日本外，在國家中也具有不可撼動的高人氣。

不僅在日本，全球三十歲以下的世代，有不少人都是看著寶可夢卡通、玩著寶可夢遊戲長大的。手機遊戲「精靈寶可夢GO」就是受到這個族群的支持。

根據二〇一九年一月美國數據調查公司Sensor Tower發布的報告，精靈寶可夢GO的二〇一八年推測收入約為新台幣兩百四十億元，較上一年度增加了三十五％。

靠著有助快速破關的付費道具來賺錢

精靈寶可夢GO雖然免費下載，不過利於遊戲快速推展的輔助道具是要收費的。即使需要付費，許多重度玩家還是會繼續玩下去。在這樣的玩家穩定增加下，就成

造成熱潮的寶可夢GO，強大人氣延續至今。

為Niantic主要收益來源。

二〇一九年知名小說&電影「哈利波特」的手機遊戲即將上線。這個名為「哈利波特：巫師聯盟」（台灣已於二〇一九年六月二十三日推出）的新作品中，哈利波特系列與其衍生的「怪獸與牠們的產地」系列的各個角色將會陸續登場。

遊戲內容敘述魔法界發生了一場災難，使魔法道具、魔法生物、魔法世界的人們、甚至連記憶都跑到了麻瓜（人類）世界，於是世界各地的巫師們必須同心協力，找出災難的真相。玩家將以調查、阻止災難為目的，成為魔法部與國際巫師聯盟所建立的「保密法特別小組」的新成員，展開一場大冒險。

原為谷歌內部的新創公司

Niantic於二〇一〇年設立，原為谷歌內部的新創團隊，二〇一二年開發了利用擴增實境（AR）技術的手機遊戲「Ingress」測試版本，並在隔年正式上線。

二〇一五年從谷歌獨立出來後，Niantic獲得谷歌、任天堂、寶可夢公司換算約新台幣九億元的投資，推出了「精靈寶可夢GO」。

從Ingress與精靈寶可夢GO經驗中獲得的知識與技能，今後將能應用在更多不同的遊戲上。等哈利波特的新作品也步上軌道後，Niantic的企業價值也可能出現飛躍性的成長。

030

Ookbee

電子書平台 — 泰國 — 企業價值 —

經營素人原創內容、來自東南亞的電子書平台

在泰國、越南、菲律賓、馬來西亞等東南亞地區推動電子書銷售，已擁有一千萬以上使用者，這是來自泰國的新創——Ookbee。

Ookbee的特色在於除了大型出版社所發行的書籍以外，也經營來自小說迷、漫畫迷等素人使用者的原創內容UGC（User Generated Content），並於二〇一七年與中國知名網路服務公司——騰訊控股共同成立內容行銷公司「Ookbee U」。

在泰國等地，長期接觸日本動漫、受其薰陶的人口日增，近來業餘漫畫家也有

增加的趨勢。Ookbee以提供這些素人能自由投稿、並依點擊數獲取收入的「Ookbee Comics」為主力事業拓展市場，對於受歡迎的作品也會協助其出書。

Ookbee亦耕耘「C CHANNEL」的泰國事業——它是一個在日本年輕女性間頗具人氣的影片上傳服務，以女性關心的生活議題為主，以可輕鬆收看的短片方式，與雜誌模特兒、美甲師等網紅共同製作，在泰國年輕女性間也廣受歡迎。下一步將朝數位音樂平台發展。

Ookbee曾在二〇一五年與日本的Trans-cosmos合併，在泰國當地經營線上商城，但已於二〇一七年結束營業。過去幾年來持續將日本的化妝品、食品等引進泰國販售，但在市場激烈競爭下決定撤出。目前集中火力於高市佔率的線上電子書籍銷售等內容事業，期能順利成長。

031

Pinterest
圖片共享網站

美國

企業價值127億美元

將喜愛的圖片釘上「佈告欄」共享

Pinterest是個能在網路上將自己喜愛的圖片、照片、影片等資訊，整理在自己專用的佈告欄式頁面並加以管理的社群網站。像是對著掛在牆壁上的軟木板、將喜愛的圖片釘（Pin）上去般的服務，人氣不斷攀升中。

雖然經常被拿來和提供照片共享服務的「Instagram」比較，但Instagram主要以上傳、分享自己拍攝的照片與圖片為主，多數人是追蹤名人或親友的帳號，查看其最新發布的內容。

特色在於收集與方便搜尋

相對於此，Pinterest則是在自己有興趣（interest）的範疇中，集合了其他使用者喜愛的概念，這對於收集者來說再適合不過了。而易於搜尋的特性，在收集資訊時相當方便，是多數使用者最大的感想。與其說是儲存圖片，更像是儲存了相關網站及頁面，想獲得相關資訊時，只要點擊圖片即可。

截至二〇一八年九月，Pinterest的全球單月活躍用戶達兩億五千萬人，並且持續增長中，其中女性比例高達八成，三十五至五十四歲使用者則佔半數，使用者幾乎是「大人世代」。而Instagram的用戶中，雖然女性比例也佔了七成，但其中九成都落在三十五歲以下，是兩者最大的相異處。

隨著Instagram成為最流行的社群網站，現在在日本無論個人或企業，都對Instagram抱持高度興趣。不過，雖然Instagram的全球單月活躍用戶數達十億以上，但以真正具消費力的「大人」佔多數的Pinterest卻不容忽視。

日本Pinterest在二〇一八年十月起，開放新的購物功能「Product Pins」及商品推薦「Shopping Selection」，不僅能即時了解商品價格與庫存狀況，也

廣受女性喜愛的Pinterest手機APP畫面。

能直接連結到零售業者的網站，十分便捷。

將使用者有興趣的網路資訊彙整後再引導至購買行為的機制加以強化，Pinterest期許能再添獲益。

032

Airbnb

民宿仲介

美國

企業價值350億美元

以「民宿」大幅改變旅遊的常識

「讓不認識的人借住自己家，也太危險了吧！如果東西被偷了怎麼辦？」、「睡陌生人的床感覺有點噁心」、「可能會被犯罪者利用」……

雖然有以上疑慮，全球使用者仍日益增加的出租民宿仲介平台「Airbnb」。其中最具代表性的就是美國Airbnb的服務了。目前，Airbnb在全球一百九十一個國家、八萬一千個以上城市中，提供超過五百萬個住宿地點。

其廣受歡迎的原因之一，是提供經濟實惠的住宿價格。位於紐約曼哈頓下城區、附兩床的豪華公寓，其中一個房間每晚只要新台幣五千元；夏威夷威基基海灘附近的雙人房，一晚只要新台幣兩千元。像這樣，與飯店相比，住客能以相對便宜的價格入住當地是其魅力所在。

因為只有在房間沒人住、屋主想租出去時才會提供，所以才有如此划算的價格。以過去在旅宿業中不曾出現的「共享經濟」概念，獲得了廣大支持。

為了讓住宿者與屋主雙方能更放心，特別在能互相評價、監督的機制下了工夫。如果經常發生糾紛，住房評價就會降低，優質的屋主則更容易找到住客，平台無形中也能剔除有問題的租借者。尤其獲得高評價的屋主，Airbnb還會賦予「超讚房東（Superhost）」身分，是讓屋主取得更多曝光機會的制度。

一般飯店不可能提供的特殊住宿點也在增加中。例如位於巴西蒙特貝爾德（Monte Verde）的樹屋，彷彿上演漂流歷險記般、搭建在樹上的住宅。然而並不簡陋，不僅供電無虞、也附有冰箱，能提供舒適的住宿體驗。

英國的蘇格蘭高地也不失為有趣的住宿地點。設計成飛行船造型的鋁製小屋，屋內家用設備一應俱全，窗外還有壯麗的自然美景可以欣賞。

另一方面，Airbnb也加速克服各種問題，尤其是對「違法民宿」的因應方式。

由於在日本對於民宿的規定較嚴格，二〇一八年接到日本觀光局的通知後，Airbnb便大刀闊斧地將未登錄「住宅宿泊事業法申請編號」及「旅館業法許可編號」的住房設施全部刪除，這在全球是罕見的嚴厲作法，雖然造成登錄的旅宿點大幅減少，但Airbnb認為，為了提升用戶的信賴度，此舉有其必要。

除了遵照世界各地的法令基準、當房間被強制取消時保證全額退費以外，Airbnb也提供住宿折價券等吸引顧客的活動。

在日本與大型旅行社JTB合作

由於威脅到飯店業的生計，Airbnb至今仍受到不少批判，即使如此，其高度配合各國法規的作風，亦逐漸獲得與相關業者平起平坐的地位。而在二〇一八

在英國蘇格蘭高地，可以住進太空船般的鋁製小屋。

年十一月，與過去可稱之為對手的大型旅行社JTB進行業務合作，未來JTB將協助民宿進行宣傳活動與訂房事宜。

033 OYO Hotels & Homes

連鎖飯店｜印度｜企業價值50億美元

顛覆「便宜沒好貨」的廉價飯店

價位特別低廉的飯店，總讓住客不敢抱持太高的期待。不過只要環境整潔，且無線網路、冷氣、電視及早餐都有確實供應的話，就能獲得好評。在這樣的想法下誕生的印度OYO Hotels & Homes，在旅宿業刮起了一陣旋風。

這家廉價飯店訂房網站，從二〇一三年起成立不過短短五年多，便成為能以低價預訂全球超過四百個城市、一萬五千個飯店的服務網，成長迅速。

能廣受支持的原因，是徹底執行「標準化」，補足了廉價飯店的弱點。像是暢通的無線網路、乾淨的床單、穩定的冷氣空調等，須達到近三十項基本要求的飯店，才能獲准刊登在OYO的訂房網站。而且OYO的員工也會去試住與房客同樣的房間，嚴格考核飯店的設備及服務等級。如果申請刊登未通過，可透過改裝房間的裝潢與設備、服務等，待通過標準後，就能加入平台。

以換算每晚要價新台幣六百到千元有找的廉價飯店、到每晚一千到兩千五百元左右的中價位者為主力的OYO，在空房過剩的情況下，還提供特殊折扣價以提升住房周轉率。

此外，OYO也運用IT提升飯店的經營效率。飯店系統除了能夠掌握房客Check-in與Check-out的資訊，也能控管房務人員的打掃狀況、空房狀態等。

「新形態租屋」進軍馬來西亞、阿聯酋，接著是日本東京

除了飯店，OYO也跨足租屋市場，並加速進軍全球，以新興國家為中心，如馬來西亞、印尼、阿聯酋及中國等，顛覆廉價飯店刻板印象的服務而廣受好評。

二〇一九年二月OYO也來到日本，與雅虎成立合資公司，推出「OYO LIFE」品牌，是從入住到搬離，只要一支智慧型手機就能搞定的新型態租屋服務。

不需要押金、禮金、仲介費，馬上就能入住，減少搬家初期所需的各種費用。且備有全套家具、家電及無線網路，號稱「一卡皮箱就能當天入住」。

租約以一個月為單位，分租套房租金每月四萬至六萬日圓，整層住家式則為十萬至十五萬日圓，獨棟式則為二十五萬至四十五萬日圓，計畫從東京二十三區依序拓展事業版圖。OYO的經營模式，可說為日本的出租住宅市場注入一股新氣息。

年少有為的OYO的創辦人兼執行長李泰熙（Ritesh Agarwal）出生於一九九三年。協助其迅速成長的資金來源是日本軟銀集團及美國紅杉資本等所提供。二〇一八年獲得合計十億美元挹注，目前正加快在中國、印尼市場的擴充腳步。

034

途家 Tujia

民宿仲介

中國

企業價值30億美元

瞄準自家人口袋，進軍日本的中國民宿集團

中國人口約達十四億，是全球最大的國家。而稱霸其中的民宿平台就是途家（Tujia）。截至二〇一九年一月，僅中國國內就提供一百萬個住宿點、中國國外則有五十萬個。此外也積極拓展國際市場，可說是Airbnb的頭號競爭對手。

因向提供住宿的房東僅收取三%的低手續費而搏得人氣，佔住宿點日益增加。與Airbnb同樣以主客互相評價的方式提升信賴度，挾帶著品牌原就來自中國的「接地氣」優勢，發生糾紛時的解決方式，最能符合中國人的個性。

由於踏出國門至日本、歐美等國旅遊的中國遊客人數越來越多，而不少中國遊客在選擇住宿地點時，更偏好將可以自在入住、節省費用的民宿作為首選，此時中文網站完備、深刻瞭解中國人習慣的途家就取得絕對的優勢。

在日本逐漸高漲的中國遊客住宿需求

途家正式進軍日本，不僅提供一般民宿選擇，還推出名為「途家House（Tujia House）」的高品質民宿品牌。運用自家平台，除了吸引中國客人，在裝潢、管理運用上也提供房東相關建議。途家提供床單、毛巾、浴巾等寢具織品更換服務，而漱口杯、洗髮精、潤絲精等獨家盥洗用品則由日本企業提供，不過，必然會在裝潢中加入途家代表色——橘色的元素，以加強品牌識別印象。

瞄準旅客眾多的一級戰區——東京、大阪、京都

除了二〇二〇年即將舉辦奧林匹克運動會的東京、預定於二〇二五年舉辦萬國博覽會的大阪之外，還有神社與寺院眾多的古都京都等，途家對這些中國遊客特別關注的區域也加倍重視。而隨著二〇一八年日本住宅宿泊事業法的實施，途家與Airbnb同樣一邊加強對日本「違法民宿」問題的處置，一邊想辦法在民宿供不應求的情況下，繼續開發更多房源，尋找能提供合適住宿地點的房東。

FinTech

第 7 章　金融科技

035

比特大陸科技 Bitmain Technologies

虛擬貨幣挖掘裝置 ── 中國 ── 企業價值120億美元

比特幣「挖礦機」的霸主

在加州淘金熱中，比起大批淘金者，提供他們牛仔褲的美國Levi's還賺得比較多……。十九世紀中葉興起於美國西海岸的淘金熱，真正挖到金礦致富的人實為少數，反而是製造在採掘現場大受歡迎的耐磨工作褲的製造商Levi's大獲成功。之後，其事業方向便朝著以丹寧布為素材的衣褲業順利發展。

在眾所矚目的虛擬貨幣世界裡，有如當年Levi's翻版的，就是中國的比特大陸科技（Bitmain）。它獨立研發了專供比特幣等虛擬貨幣「挖礦」的特定應用積體電路（ASIC），透過銷售搭載該晶片的挖礦裝置，業績成長勢如破竹。

到底什麼是虛擬貨幣的挖礦呢？虛擬貨幣每經過一定期間，會將所有交易紀錄至公共帳本，為了驗證交易內容是否正確，必須使用電腦進行龐大的運算。這個為了驗證虛擬貨幣交易內容而執行的龐大運算作業稱為挖礦」，而作業報酬就是能獲得新發行的虛擬貨幣。

比特大陸科技的挖礦裝置所採用的積體電路由於耗電量低，所以能以更少的電費支出挖掘虛擬貨幣，這個特色使它大受歡迎。

隨著虛擬貨幣的震盪起伏不定

但虛擬貨幣的行情在二〇一八年一度重挫，著手挖礦的企業不是事業縮編、就是退出市場。因此，比特大陸科技挖礦機的市場需求也大幅降低。但從二〇一九年四月起，比特幣價格反彈，並於次月再度大漲。在虛擬貨幣行情動盪不安的環境下，比特大陸科技是否能安定成長，還有不少課題需要克服。

比特大陸科技的虛擬貨幣挖礦機以低耗電為賣點，迅速成長。

036

Credit Karma

授信資訊服務

美國

企業價值40億美元

將個人信用評分化而急速成長

在美國有個新創公司靠著提供名為「監控信用評分」的特殊服務急速成長。那就是總部位於美國舊金山的Credit Karma。在美國的使用者有八千五百萬人以上，二〇一八年其企業價值被評定為四十億美元。

雖然目前日本不太重視「信用評分」，但其實信用評分在生活上非常重要。如果個人被金融機構評定信用良好的話，不僅房貸、車貸容易通過審核，也能以較低利率申請貸款。

如果在Credit Karma上註冊的話，就能監控自己的信用評分，如果評等發生變化，也會傳來提醒通知。

甚至還能更進一步瞭解是哪些項目影響自己的信用評分，以及如何擬定改善對策。過去像這樣查詢信用評等是要收費的，但是，現在只要使用Credit Karma的服務，就可以免費查詢。

個人使用者免費、從金融機構賺取手續費收入

Credit Karma會根據個人的信用評等，介紹對該用戶條件有利的金融機構商品，如貸款等，並藉由向金融機構收取手續費來擴大收益。而從使用者角度來看，不但服務免費，又有划算的金融商品可供選擇，是一大優點。對金融機構而言，也能更接近顧客所在的市場，Credit Karma因此日益茁壯。

Credit Karma的創辦人兼執行長肯尼斯・林（Kenneth Lin）出生於中國，四歲時隨父母移居美國。從美國波士頓大學畢業後，於信用卡業界服務，之後於二〇〇七年創辦Credit Karma。

獲得谷歌資本（Google Capital）與老虎環球基金（Tiger Global Management）的大額投資後，Credit Karma持續募得更多資金並且進一步擴大事業，目前還提供免費的報稅諮詢、協助信用報告錯誤修正等服務。

037

Finatext

金融資訊服務

日本

企業價值342億日圓

股票APP與金融資訊的大數據分析

「ASUKABU!」（日文為「明日股票」之意）是日本最大的行動股市社群，註冊使用者約有二十五萬人。這個APP提供用戶們可彼此交流資訊（如每日股價預測等）的平台，目標讓更多投資初學者能踏出進入股市的第一步。

除此之外，另一款寓教於樂的APP「MAJITORE!」（日文為「認真訓練」之意），以玩遊戲的方式讓股市投資新手學習信用交易。因為這兩款APP而備受矚目的，就是提供金融資訊服務的Finatext。

該公司的創辦人——林良太社長畢業自東京大學，以金融新創起家。二〇一三年創立Finatext，以「化金融為服務（Reinvent Finance as a Service）」做為口號，開發出融入遊戲元素的手機APP。

目標鎖定年輕人，透過提供社群網路服務型態的APP來開拓用戶。同集團公司

Smartplus也推出線上證券交易APP「STREAM」，二〇一八年起開始現金帳戶交易服務。不僅如此，在信用交易方面，也免除了過去需要支付的股票委託手續費。

STREAM也是以用戶彼此易於交流的社群型態為賣點，號稱能將複雜的股票交易簡單化，更進一步舉辦名為「STREAM CAMP」的同好聚會，透過這樣的作法，將ASUKABU!上的用戶引導至STREAM去。二〇一八年更獲得來自KDDI（日本大型電信公司）等近新台幣十七億元的資金，積極進行各個APP的功能強化。

也提供活用大數據的經濟分析平台

另一個集團內的公司Nowcast，則是提供活用大數據的經濟分析平台。二〇一八年與CCC MARKETING*合作，預計將該公司六千五百萬會員、超過新台幣兩兆的消費數據資料，融合Nowcast的大數據分析資訊，提供預測上市公司營業額的服務。

---

* CCC集團「Culture Convenience Club Company」，是日本一家以零售及文化產業為主要業務的企業集團，旗下最為台灣人熟知的品牌則是「蔦屋書店TSUTAYA」。

038

freee

雲端會計服務

日本

企業價值652億日圓

創造雲端時代的「會計生態系統」

在二〇一九年四月的某一天，場景是靜岡市郊外的茶園「川端園」。佐藤寬之與父親正在茶田中忙於農作時，手機發出了收到簡訊的鈴聲。

「老爸，您這個月在大賣場花了一萬多塊，買了什麼啊？」

確認著手機畫面的寬之問向身旁的父親。簡訊是從茶園使用的會計業務雲端系統「會計freee」所發出，通知用戶本月份的信用卡消費明細已自動記帳完成。

寬之在二〇一八年一月離開鋼鐵製造業、回到父親農園幫忙時，最讓他吃驚的就是堆積如山的收據。因為忙於農作、加上父親對會計也不太關心，等到了報稅時節，就會落入與累積了一年份的收據搏鬥的慘況。因此，寬之引進了「雲端會計」，只要在有網路的情況下，用智慧型手機也能進行會計處理，可說是融合了網路與金融的「Fintech金融科技」範例之一。

「我們大部分時間都在忙著田裡的工作還有採買需要的東西，人幾乎都在外面奔走，沒什麼時間可以好好整頓行政作業。這種可以隨時隨地立即處理的會計系統很適合我們」寬之先生說。只要用手機把收據拍下來，買了什麼東西、花了多少錢都能自動轉記入帳，再做成分類帳。

一天完成一週的報稅作業

每個月的營業額及費用都能即時掌握，也能根據帳簿上收集到的資訊編製出貨表及請款單。例如「川端園」二〇一八年時花了一個禮拜才製作完成的報稅文件，到了二〇一九年只在短短一天內就完成了。

提供該服務的是新創公司freee，由美國谷歌負責統籌亞太地區中小企業行銷的佐佐木大輔在二〇一二年創

在農務空檔打開「會計freee」的手機畫面，向父親說明的佐藤寬之先生。

立，屬於SaaS性質的公司。SaaS是「Software as a Service」的縮寫，提供將過去需要安裝在電腦或平板的軟體放在網路上、不必安裝就能使用的服務。能線上編輯文件的「Google Document」也是SaaS的其中一種形態。

商用的SaaS也逐漸普及，在自營業主間越來越多人使用其會計服務。身為提供企業客戶服務其中一員的freee，於二〇一四年也開始了包含薪資計算等人事管理服務。個人月繳約新台幣三百元、公司行號月繳七百元起就能使用。比起初期引進成本動輒萬元以上的市售套裝軟體，門檻要低得多，還能透過只使用必要的功能或改變方案來降低月繳金額。

從RECRUIT及三菱UFJ銀行獲得資金

作為廣受矚目的SaaS新興企業，freee至今已從RECRUIT及三菱UFJ銀行等處獲得約新台幣四十五億元的資金，被看好未來能成為獨角獸企業。

對於下一步的規劃，佐佐木執行長表示：「希望能擴充更多與經營直接相關的功能，例如企業資金調度及人力資源等。」例如可將會計數據加以活用做為授信參考資料、讓資金調度手段更多樣化；或以人事資料為基礎進行徵才媒合等，能做的事還有很多很多。

039 陸金所 Lufax

金融仲介服務 ― 中國 ― 企業價值394億美元

在網路上媒合資金借貸雙方

陸金所是中國「P2P金融」的代表性企業，工作內容是在網路上媒合資金借貸雙方。在中國股票總市值數一數二的中國平安保險旗下，持續迅速成長。

陸金所提供線上個人資金借貸的服務，截至二〇一八年底為止註冊用戶數已突破四千萬人。在融資餘額大幅增加下，借方用戶的延滯率（延滯金額／本金餘額）低，被認為是具健全性的平台。

除了個人以外，也著力於專供中小企業的融資。陸金所的獲利模式是在P2P金融中融資成立時，收取仲介手續費。

在中國，以往從銀行借不到錢的高風險族群也有旺盛的資金需求，但被倒帳的可能性也很高，所以能善加判斷的授信分析資訊是不可或缺的。

陸金所運用四億人分以上的大數據，將借方的信用狀況、身分資料、借款期望金額及資金用途等種種數據加以解析，建立一個能判斷風險的機制。

能吸引人貸出資金的理由，是因為這裡是前景看好的投資標的。中國P2P金融的放款人可獲得的貸款利息，平均高達年息的十％左右，與銀行的定存等投資商品相比，可期待較高的報酬率。能同時提供借貸雙方利多，是陸金所迅速壯大的前提之一。

P2P金融中弊端事件層出不窮，因此中國政府著手加強規範，像是設定利息上限等，對違法業者嚴加取締，這對陸金所等大企業來說，反而成為一股助力。

040

Monzo

行動銀行

沒有分行的「數位銀行」

英國

企業價值13億美元

有一種被稱為「數位銀行」的新形態銀行在英國正夯，這家只在智慧型手機APP上營運的特殊銀行，名為Monzo。每個禮拜有三萬五千人在Monzo開戶，據說帳戶數已高達一百五十萬以上。二〇一五年創立，二〇一六年以群眾募資等方式籌得資金，事業正式展開。最初是經營預付卡業務，之後於二〇一七年正式取得英國銀行業執照，開始發行銀行帳戶提款卡。

在手機上十分鐘內就能開設銀行帳戶

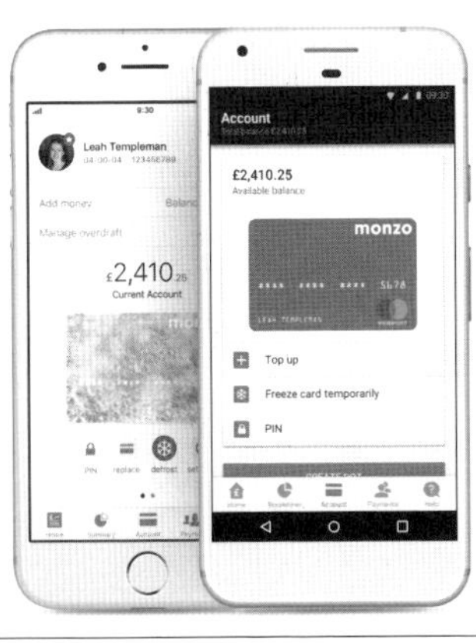

標榜數位銀行的Monzo APP以使用方便為賣點。

它的優點在於帳戶開設十分簡便，利用手機APP，十分鐘左右就完成開戶。由於在英國申請住址證明的手續很繁雜，而Monzo的系統只要有護照等足以確認是本人的身分證明文件，就可以替代住址證明，因而廣受外籍勞工、留學生這些當地開戶不易的族群歡迎。其操作介面易於上手也頗受好評，除了從手機就能輕鬆完成匯款手續，付了多少錢、帳戶的款項進出狀況也能即時掌握。此外，與同事或朋友去餐廳用餐時，也能用Monzo的APP付款給對方，輕鬆完成分帳。

廣受好評的家計簿功能

家計簿的記帳功能也廣獲支持。Monzo的APP中可以設定每月預算，從畫面中可以跟預算對照，在哪方面花了多少錢都能一目瞭然。如果花過頭了，系統也會提醒用戶，如此一來較能減少無謂的支出。據說因為使用Monzo的APP而節省了每月開銷的人不在少數。標榜「The bank of the future」的Monzo，透過無實體分行的方式減少成本，宣稱要將這省下的經營資源用來充實APP功能，改善使用介面。未來的銀行，將在守舊形象強烈的銀行業界掀起巨大波瀾。

041

Origami

行動支付

日本

企業價值325億日圓

行動支付競爭白熱化中的先鋒者

就算沒帶錢包或信用卡，只要用手機APP就能付款。在日本也迅速普及的行動支付，其中之一的「Origami Pay」就是由Origami所提供。

在結帳的時候，告知店員「我要用Origami Pay」，再用手機掃一下收銀機顯示的QR Code，就完成了支付手續。不像信用卡支付時需要簽名、輸入密碼等。

目前像是家電量販店、便利商店、藥妝店、百貨公司、服飾店、牛丼店、居酒屋、計程車、滑雪場等，已開通使用的場所迅速增加中。消費金額會由事先登錄的銀行帳戶或信用卡扣款。Origami與多家日本大型銀行合作，像是三井住友銀行、瑞穗銀行、永旺銀行等。

為了拓展用戶市場，Origami推出「用Origami就半價」的宣傳活動，在吉野家、肯德雞等合作店家用Origami Pay支付的話，就享半價優惠。雖然是期間限定、也有金額上限，仍然可以看出Origami亟欲提升知名度的努力。

與軟銀集團、LINE、樂天、DoCoMo之間競爭激烈

背後的原因也跟行動支付業者之間的競爭越演越烈有關係。Origami雖然從二〇一六年起率先推出Origami Pay，但其他公司也陸續加入戰場。二〇一八年底由軟銀與雅虎聯手合作的「PayPay」，大手筆推出「百億日圓大放送」活動，用戶可獲得消費金額二十％的回饋金，瞬間打開了知名度。LINE也積極在「LINE Pay」上推出點數回饋活動迎戰。此外還有樂天的「樂天Pay」、NTT DoCoMo的「d支付」等也加強攻勢，在日本可說是群雄割據的局面。

行動支付本身的便利性頗受肯定，可望日漸普及。即使如此，在資金雄厚的企業陸續投入的情況下，要存活下來也非易事。作為行動支付先鋒的Origami要如何擬定接下來的成長戰略，備受考驗。

042

在印度的路邊攤也能使用的行動支付

Paytm One97 communications

行動支付 — 印度 — 企業價值160億美元

印度是個擁有十三億人口，急起直追中國的巨大市場。在這個多種語言、宗教兼容並蓄的大國中，有個急速崛起的電子支付新創公司，它就是Paytm。以使用「QR Code」的手機行動支付為主力，配合店家數在全印度已突破七百萬。從繳電話費、水電費、旅行、看電影，到超市、餐廳、甚至路邊攤消費，所到之處都能使用。

Paytm的手機APP用戶在印度已超過三億人。二〇一七年印度的行動支付市場規模擴大至一百二十億美元，較前年度成長四十四%，而Paytm在印度的行動支付交易數佔了六成。

創辦人兼執行長是出生於一九七八年的維傑．謝卡爾．夏馬（Vijay Shekhar Sharma）。夏馬在德里理工大學就學時，便著手經營電商，之後於二〇一〇年創辦了Paytm的母公司「One97 communications」。

最初該公司的業務是手機預付卡加值服務，但之後印度的智慧型手機開始迅速普及，於是夏馬想到了透過下載手機APP、註冊銀行帳戶就能利用「QR Code」輕鬆支付的架構。

藉由能執行高度辨識技術的軟體、簡化結帳手續的特點獲得了廣大的支持，短時間內普及全國，用戶及合作店家也爆發式成長。

阿里巴巴與巴菲特也為之折服

二〇一五年接受印度財團Ratan Tata出資，同年，也獲得中國阿里巴巴集團的大筆資金。二〇一七年日本軟銀也投入十四億美元。甚至在二〇一八年時，也從美國著名投資家華倫・巴菲特領軍的美國投資公司波克

Paytm支付在印度常見的路邊攤也能使用。

夏・海瑟威（Berkshire Hathaway）募得資金，揚名國際。

在日本，軟銀與雅虎聯手推出的行動支付「PayPay」也使用了Paytm的技術。他們認為，在智慧型手機多為低階鏡頭的印度，能夠提供精準辨識QR Code的優秀軟體技術，值得肯定。

Paytm如同字面涵義「Pay through mobile」，以行動支付徹底顛覆以往依賴現金的印度社會，其技術也將在先進國家中發揚光大。

043

Revolut

手機APP銀行

打破換匯手續費行情

英國

企業價值17億美元

準備去國外旅遊時，會讓許多人感到不滿的就是貨幣的匯兌了。換外幣時常會被收取高額手續費，感覺很吃虧。

解決了這個煩惱的新形態銀行——英國Revolut正備受關注。它與英國新創銀行Monzo同樣是以智慧型手機APP完成一連串銀行服務的提供。

Revolut的特色是一旦開設帳戶，款項匯入後，就能以低廉的手續費兌換全球近三十種各式幣別的外幣。美元、英鎊、歐元、日圓等主要幣別的匯率是以網路銀行間匯率加上〇．五%的手續費計算。比起機場等銀行窗口的匯兌手續費（三%～十%左右）相對便宜，對使用者來說比較划算。

不過一個月以五千英鎊（約新台幣二十萬元）為上限，超過時會再加收〇．五%的匯兌手續費。即使如此，對於留學生、旅客或駐外人員而言可說是很寬容的條件。

除此之外，虛擬貨幣也在服務範圍，可兌換比特幣、萊特幣等五種貨幣。

若使用Revolut的提款卡，在國際ATM提款也有手續費優惠。在一個月兩百英鎊（約新台幣八千元）的上限內提款皆免手續費。

不僅如此，匯款至海外時，金額若在每月五千英磅內也免手續費。一般在台灣的大型銀行要進行海外匯款時，以臺灣銀行為例，必須支付新台幣一百二十元至八百元不等的手續費，還要再加上郵電費三百元。這樣一想，使用Revolut就划算許多。

用手機就能搞定、介面人性化、手續費便宜，這些優點促使Revolut用戶數迅速增至四百萬。雖然因為是新創銀行，讓人有破產風險的疑慮，但在歐洲存款保險機制（European Deposit Insurance Scheme）下，顧客的存款能得到最多十萬歐元（約新台幣三百五十萬元）的保障。

來自高級會員與法人會員的手續費收入

當然，就算是打破了銀行手續費的行情，要是不能打造出持續獲利的架構，事業也無法持續經營下去。Revolut是以什麼營利呢？雖然該公司沒有公布詳情，但目標似乎是以高級會員及法人會員以訂閱制方式支付的每月手續費、結算時的手續費等為獲取收益的模式。

Revolut是在二〇一五年由俄羅斯裔創業家尼可雷・史特隆斯基（Nikolay Storonsky）執行長與瓦拉德・亞禪可（Vlad Yatsenko）技術長於英國創辦。二〇一八年從立陶宛的中央銀行取得銀行業執照，正式展開在歐盟（EU）內的事業。

不過海外匯款常伴隨著洗錢等犯罪風險，Revolut雖然設有防止可疑匯款行為的系統機制，但也曾被告發其故意停用該系統功能的違法行為。

因為企業倫理與社會責任問題的疏失，在二〇一九年二月時Revolut當時的財務長引咎下台以示負責。金融業界的革命份子若想走得長遠，必須要成為一家值得信賴的公司才行。

044

Stripe
支付平台

全球矚目的網路支付「藏鏡人」

美國

企業價值225億美元

利用手機APP的叫車服務、食物外送服務、餐廳訂位服務……在各式各樣新形態服務成為目光焦點時，有個在檯面下勢力迅速擴張的公司，那就是美國大型網路支付業者Stripe。

號稱全球有十萬家以上公司使用的Stripe，其優勢在於能讓APP等程式開發者輕鬆架設結帳系統，「只要輸入程式碼就能開始線上結帳交易」。Stripe支援手機系統的兩大平台「iOS」與「Android」，在手機或網站上就能一鍵購入。

以知名配車服務業者美國Lyft為例，身為美國Uber最大競爭對手的Lyft，其擁有超過兩百萬人的註冊駕駛，一天提供三百萬趟的配車服務。而在這過程中來自各個管道、透過手機產生的大量支付手續，即是利用Stripe的技術來處理。

也支援訂閱制的商業模式

當然，定期支付的訂閱制商業模式也在其服務範圍。Stripe結合使用者註冊的功能，當顧客註冊使用定期支付方案時，Stripe會代為請款；當有優惠券折扣、方案取消或變更、信用卡到期資訊自動更新等種種情況時，都能加以因應，可說是能把結帳服務都交給Stripe處理。

而網路交易最重要的就是安全性。信用卡號碼在不知不覺間被盜取、或遭到其他網路商店濫用的狀況防不勝防，Stripe對此以AI來檢測，提供使用者安心感。

例如，假設有張信用卡在最近二十四小時內在世界各地被使用，系統就會判斷遭到違法使用的可能性很高，並啟動讓它無法結帳的機制。而當無法結帳時，也會顯示AI為何會如此判斷的主要理由，對企業使用者來說，透明度很高。

Stripe是於二〇一一年由來自愛爾蘭的派翠克．科里森（Patrick Collison）與約翰．科里森（John Collison）兩兄弟所創辦。連番接受了美國矽谷知名創投紅杉資本、美國PayPal的創辦人之一彼得．蒂爾（Peter Thiel）、特斯拉執行長伊隆．馬斯克（Elon Musk）的投資。

網路支付草創者也認可的未來性

能獲得網路支付草創者、迅速壯大的PayPal創辦人的投資支持，象徵著Stripe高度的未來發展性。隱身幕後提供的結帳服務，隨著智慧型手機普及而越來越大的網路支付市場，其地位舉足輕重。

Robotics/
IoT

第 8 章　機器人・物聯網（IoT）

045

C3 IoT

企業用IoT軟體

美國

企業價值14億美元

運用AI分析機器數據、改善效率

物聯網（IoT）將改變機器與工廠的定義。在「工業4.0」、「工業物聯網（Industrial Internet）」這些關鍵字成為話題時，機器的IoT化便成為焦點。

總部位於美國舊金山的新創公司C3 IoT便是其中的佼佼者。善用人工智慧與大數據來分析產業機器故障的可能性等，除了預測機器的維修管理時程，也提供讓生產設備的運用可達到最佳化，並能管理電力等能源的軟體與平台，透過分析眾多機器所獲得的龐大資訊，提升工廠設備的運作效率，達成削減成本的目標。

二〇一八年五月，C3 IoT宣告與美國的半導體大廠英特爾合作，為客戶提供運用人工智慧優化的軟硬體。也考慮應用於金融服務業、採礦業、石油天然氣產業、醫療保健業、製造業、航太產業、國防工業、公部門等。

C3 IoT的創辦人是湯瑪斯．希伯（Thomas Siebel）。他最廣為人知的經歷就是在一九九三年創立美國CRM（顧客關係管理）軟體公司Siebel Systems，並於二〇〇六年賣給美國軟體大廠甲骨文公司。希伯的CRM系統在當時有很高的市佔率，在IT業界頗受讚譽。

醫療保健業及金融服務業的客戶群擴大

二〇〇九年希伯創辦了C3 IoT，最初是藉著設置在電力、天然氣等能源公司機器上的大量感應器收集數據，再運用AI機器學習研發大數據分析技術獲得客戶青睞。而後將此技術應用於開發製造業、醫療保健、金融服務等相關軟體，逐步擴大客群。

就在致力於企業用IoT的美國奇異陷入業績不振的泥淖時，C3 IoT於物聯網領域加強攻勢，朝成長之路催下油門。

046

Carbon

3D列印 ｜ 美國 ｜ 企業價值18億美元

愛迪達也為之著迷的超高速3D列印

「利用3D列印量產慢跑鞋」——德國運動用品大廠愛迪達正加速推動這個獨家戰略。利用3D列印量產的，是採用新一代中底（Midsole）的「愛迪達4D」。過去的鞋底都是使用模具，再用樹脂等材料塑型的發泡材質，新型中底則是利用3D列印使樹脂固化成立體格狀構造的設計。

細緻的格狀構造能像彈簧般產生驅動力，同時也能分散著地時的衝擊力道。除了跑步運動以外，在進行健身等訓練時也能產生反彈力，讓使用者能靈活動作，這是模具無法做出的特殊構造，擁有以往發泡材質中底所沒有的良好機能。該技術在未來也有望依個人不同腳型，製作客製化中底。

這個由美國新創公司Carbon所開發的3D列印技術，成就愛迪達「二〇一八年底前達到十萬雙」的大規模量產目標。在此之前，3D列印技術給人的印象多用於測試品，不適合量產，因為以往利用3D列印技術生產很花時間，量產效率不佳。

生產速度較以往增達百倍

但是，Carbon所開發的3D列印技術，使生產速度較以往可增達百倍之多，這項名為連續液面生產「CLIP（Carbon3D's layerless continuous liquid interface production technology）」的技術，使用「透氧光學液體樹脂」材料，實現了緩衝性、穩定性及耐久性。

一直以來，3D列印多屬將薄層重覆堆疊的「積層製造」形式。對此，Carbon的CLIP技術是先在容器裡，放入遇到發光二極體（LED）的光束就會固化的光敏樹脂。接著再以數位光源處理，讓LED的光束照

以3D列印技術生產立體格狀鞋底（左）。
愛迪達採用了3D列印技術所製造的中底（下）。

射樹脂，連續地固化堆疊成型，讓高速化生產得以實現。

一體成型並達成提升耐久性及節省成本

將Carbon的3D列印技術用於商品量產的行為，如今遍及各式各樣的領域。例如專營家用及業務用果汁機的美國大廠維他美仕（Vita-mix），便將Carbon的3D列印技術用於製造商用果汁機的清潔噴頭上。過去需由數個零件組合而成的清潔噴頭，運用3D列印技術後可變為一體成型，達成較以往十倍以上的耐久性，並削減了三成的成本。

因革命性的3D列印技術而嶄露頭角的Carbon，不必試做便能量產的技術，也能輕鬆地進行細部的設計變更，或許將為製造業的既定常識帶來根本性的改變。

047

大疆創新科技 DJI

無人機

中國

企業價值150億美元

支配無人機世界的中國王者

不但能用於空拍、運送、播撒農藥、軍事，甚至還有娛樂功能，小型無人機在轉瞬間普及各界。而叱吒全球無人機市場、擁有七成以上市佔率的，就是中國的DJI（大疆創新科技）。根據無人機市場研究公司Skylogic Research於二〇一八年九月發表的報告，該公司當年度市佔率為七十四%，遙遙領先同業。

從一般消費者用，到專業用、企業用等，豐富的商品種類是其最大優勢。

在一般大眾使用的類型中，DJI提供了可折疊、隨身攜帶的輕巧無人機「Mavic系列」及小型多功能無人機

DJI空中拍攝用的無人機。

「Spark系列」等，以新台幣約一萬五千元～六萬元左右的價格為主，在台灣的購物網站也買得到。

專業用的則有約新台幣六十萬元以上的「Inspire系列」，是搭載4K攝影機與HD影片傳送系統一體化的電影拍攝用無人機。在影像製作領域相當普及。

其他方面，則特別著重在農業使用。除了有能在偌大的農地播撒液體農藥、肥料、除草劑等的無人機外，也有能掌握農作物是否順利生長等育苗狀況的無人機。

而在能源領域，則針對大規模的太陽能發電所、風力發電機、石油和天然氣精煉廠、送電線、核能發電廠等，研發供設備檢查用途的無人機。透過搭載的紅外線熱像儀可測得是否有溫度異常狀況，一有故障就能迅速發現並加以修復。

在救生及各種測量上十分活躍

在即時了解救生情況、建築測量與施工管理、交通路況掌握等，無人機的出現提供了多樣化的解決方案。

DJI的強項在於軟硬體的技術開發。硬體方面，除了無人機本體外，也研發了溫度感應器、攝影機、攝影時防震用的三軸穩定器等。軟體方面，也有地圖製作、3D模型製作、數據分析、影像處理、資料傳輸等多種技術。

DJI是由香港科技大學畢業的汪滔（Frank Wang）創立於二〇〇六年，隨後將總部移至中國本土的深圳，因當地的電子產業正蓬勃發展，有利於產品試作及零件調度，於是開始正式進行產品研發。陸續開發了無人機與攝影機一體化、一鍵離陸或著陸、可用平板操控的多功能合一型產品等，短期內就成功征服了廣大市場。

現今在世界各國的軍隊、警察、消防等公家機關，採用DJI無人機者持續增加，但也出現被恐怖份子所利用的情形，由於高性能無人機也能輕易入手，其潛藏的風險已被視為一大問題。尤其使用他國企業的產品於軍事目的，國家安全堪慮，這樣的疑慮在美國等地逐步升溫。即使如此，擁有壓倒性市佔率的DJI無人機因其技術卓越，目前可與其匹敵的選擇不多，其優越地位難以輕易撼動。

048

H2L

感覺傳達技術

日本

企業價值

在虛擬實境中也能擁有「觸感」的技術

在虛擬世界中迎面飛來的鳥兒棲息在自己手指上的瞬間，讓人感受到如同真鳥的觸感；一邊看著在沖繩的紅樹林中泛舟前進的影片，一邊做著划船槳的動作，而手腕確實產生負重感，彷若身歷其境……

新創公司H2L提供這項名為「BodySharing」的感覺傳達技術，利用肌肉位移感測器，讓手或腕部的身體資訊與電腦交互傳輸，藉此使虛擬體驗更加接近現實。

二〇一九年一月與日本電信公司NTT DoCoMo合作，宣布將運用能高速、大容量通訊的5G（第五代行動通訊），將BodySharing技術提供給合作夥伴。不僅是影

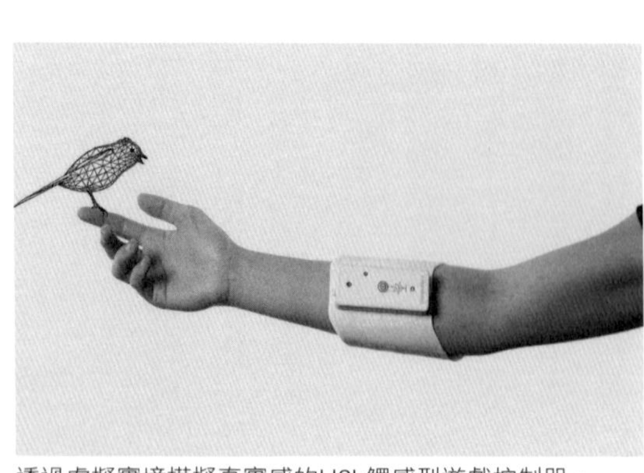

透過虛擬實境模擬真實感的H2L觸感型遊戲控制器。

像，也包括利用H2L技術、將身體感受到的「體感」製作成VR的內容。

VR與AR的市場預期將在全球迅速擴大，根據美國市調公司IDC於二〇一八年十二月發表的預測，二〇二二年的VR／AR全球市場將達一千兩百二十三億美元，而且從二〇一七~二〇二二年將會達到七十％的年成長率。目前「BodySharing」技術雖以VR／AR遊戲、影像相關內容為主力，不過在商業方面的運用也迅速擴大，此外，將VR用於訓練、企業設備維護的市場需求也日增。

身在遠方也能有如臨現場的感受

在VR日漸普及之下，身在遠方也能如臨現場體驗般的技術需求也升高。來自客大企業的期待尤其大，例如要操作位於遠地工廠的機器時，若能有等同於實機操作的感受是最好的，等到實際到了現場，就能立刻安全且熟練地操作機器。運用VR的遠距離教學訓練，也能有接近現場研習的效果。H2L的技術在VR盛行的時代中，蘊藏著巨大的可能性。

049

MATRIX Industries

溫差發電

用體溫發電的智慧型手錶

—美國—企業價值—

二〇一八年，用人體體溫發電的智慧型手錶問世了。它的獨特原理是利用手腕接觸面的溫度與外部氣溫的溫差來發電。這支智慧型手錶運用人稱「溫差發電」的技術，除了時間功能，還可以測量使用者的卡路里消耗數、活動量、睡眠等資訊。藉由溫差發電，熱能發電器將體溫轉換為電力，不需充電，不但可以自動記錄使用者一天的行走步數、也可測量睡眠品質。此外，防水五十米，可直接戴著進入泳池，海邊戲水也沒問題。

開發此智慧型手錶的，是總部位於美國矽谷的MATRIX Industries。它是一家提供溫差發電技術的新創公司，除了研發將溫差轉換為電力的發電器之外，也開發了能轉換電壓的

MATRIX Industries的「體溫發電智慧型手錶」（下）及溫差發電裝置（右下）。

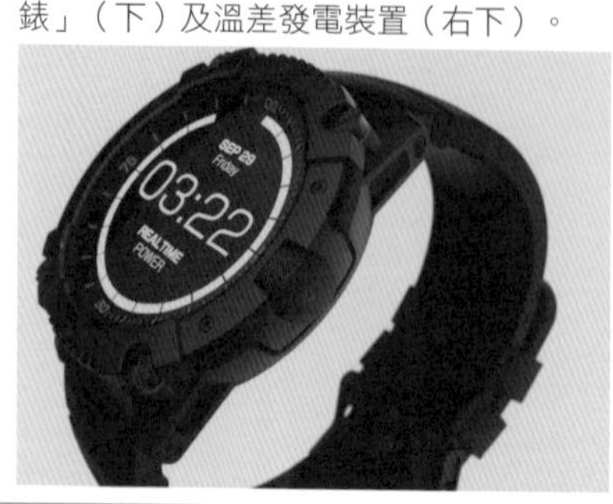

直流變壓器用的ASIC（特定應用積體電路）。共配備此溫差發電技術的第一個商品就是智慧型手錶，今後也將應用於各領域的產品上，例如頭戴式耳機與助聽器等，致力於透過耗電量少的可穿戴式機器來拓展市場，值得期待。

著手開發溫差發電裝置及冷卻技術

不僅在可穿戴式機器，也著手開發用於HVAC（暖氣通風空調設備）的溫差發電裝置。它可以輕鬆地安裝在商用或住宅用的熱交換器上，實現高能源效率。

此外MATRIX也研究冷卻技術——名為「TEC（Thermoelectric Cooler，熱電冷卻器）」的密閉空間冷卻裝置。運用只要一通電流，其中一端的熱能便會傳導至另一端的帕爾帖效應（Peltier effect）來產生冷卻效果。目前做為主流的冷藏、冷凍技術多以利用瓦斯、馬達、壓縮機為主，相較之下MATRIX的冷卻技術不但安靜，且能源效率高，也不需要冷媒。目前該公司正在推廣的是用於冷卻並能儲存大數據的伺服器、冰箱冷藏系統、冷藏車、電動車電池等的熱電冷卻系統。另外供消防員專用的自動冷卻功能衣、冰鎮香檳用的攜帶型小冰箱等，都在其技術應用範圍考量內。

050

Mitsufuji

可穿戴式IoT

「可穿戴式裝置」背後的基礎技術

—日本—

—企業價值—

能測量心跳數等生理資訊的「可穿戴式裝置機能內衣」上市了。二〇一九年四月下旬，位在日本京都的Mitsufuji與華歌爾發表了這款共同合作開發的新產品。結合了Mitsufuji開發的導電性纖維與通訊裝置，華歌爾再將其商品化，以幫助職業婦女的健康管理為目標，並在廉價航空公司「樂桃航空」的協力下，進行針對空服員的試穿計畫。

利用取得空服員生理資訊，輔以醫師的監督指導，再由Medical Be Connect公司進行壓力分析。分析結果可看出空服員是否擁有足夠的睡眠及工作滿意度、公司是否依照職等適切分派工作量等。開發此可穿戴裝置技術的Mitsufuji設立於一九七九年，經營鍍銀導電性纖維、可穿戴式IoT技術的開發與製造。

鍍銀導電性纖維可應用在可穿戴式感應器、電極、電磁波阻絕等，對於要收集心電、心跳等生理資訊的智慧型手錶十分合適。Mitsufuji特別重視的是該公司自行開發的智能穿戴系統「hamon」。透過收集心電、心跳等生理資訊，幫助使用者進行健康管理，也可監控肌電、呼吸次數、加速度、溫度與濕度等。

穿戴裝置、機器、APP都自行開發

Mitsufuji除了在穿戴裝置方面，機器、APP、甚至系統都自行開發。例如與穿戴裝置配套、能傳送生理資訊的小型發信器（transmitter），實現了可充電並具防水功能的輕巧產品。隨著可穿戴式IoT技術正熱，加上易於應用在服飾上的導電性纖維的推動下，成長可期。市調公司IDC JAPAN預測，二〇一八年可穿戴式裝置的全球出貨量將比上年度增加八%、接近一億兩千五百萬台，於二〇二二年有望達到兩億台之譜。

尤其鞋子、服飾類的成長，預計在二〇二二年之前，可達到平均三十六%的年成長率。Mitsufuji正強勢搶灘這迅速擴張的巨大市場。

051

Preferred Networks

AI軟體

日本

企業價值2402億日圓

風靡了豐田汽車的AI「小巨人」

豐田汽車、FANUC、日本癌症研究中心……有一家新創公司因接連與這些日本的代表性企業及研究機構聯手AI相關業務而廣受矚目，它就是Preferred Networks（PFN）。

雖然創業於二〇一四年，看似資歷尚淺，但擁有AI深度學習技術的優勢，有效率地處理、運用龐大的數據，推動了自動駕駛及工業機器的進化、醫學的發展等。

在龐大數據持續不斷衍生的時代，「將數據集中於一處」的集中式資訊處理及雲端運算已不適用，目前提倡的是能達成分散式資訊處理的新型運算——「邊緣運算（Edge Heavy Computing）」，因此該公司著手開發了與之對應的平台產品。

運用深度學習於自動駕駛

PFN與豐田汽車的合作是以自動駕駛技術為主軸，從車輛上的攝影畫面、到行進間車外的物體等，運用AI深度學習，開發相關的學習、辨識技術。像是辨識周圍行走或停靠中的車輛、行人、腳踏車、車道、號誌、交通標誌等。

因為晝夜亮度的不同、下雨或下雪等天候因素而有巨大變化的狀況，AI都能自動學習。PFN支援開發能應付各種狀況的自動駕駛技術，致力於豐田汽車所重視的安全自動駕駛。

與FANUC的合作，則是在開發工業機器人方面。運用PFN的AI技術，能事先預測機器人的故障情形。以AI解析以往大量的運作數據中，正常機器人的數據與發生故障機器人的數據相比對，就有辦法在故障數天前預知。

醫療也是PFN關注的領域。例如進行乳癌篩檢時，使用乳房X光攝影約能達到八十%的精確度，若配合血液檢查，則可提升至九十%，如果再進一步將過去的統計數據和患者的資訊相比對，接著運用AI深度學習分析，據說精確度可達到九十九%，而這就是PFN想擴展的新舞台。

雖然PFN給人的初始印象在於AI軟體技術方面較強，但如今也計畫自行開發設計機器設備和儀器。

也開發深度學習專用處理器

二〇一九年二月，PFN在東京大手町的總公司開設了麥加諾工坊（Mechano-Workshop），工坊內能施作快速成型（Rapid prototyping）——可迅速進行機器手臂等原型試作與驗證的技術。這是為了可以自行研發軟縱機器人的相關體操。

PFN也著手開發運用AI處理大量數據所不可或缺的半導體。那就是專供深度學習使用處理器「MN-Core」，關鍵在於一種最適合深度學習、具有「行列式演算」特性的晶片。在二〇一八年十二月舉辦的發表會上，也一併公開了MN-Core晶片、基板、伺服器等PFN獨自研發針對深度學習的硬體設備。

PFN從日本豐田汽車募得超過一百億日圓，更從FANUC、日立製作所、瑞穗銀行、三井物產等募得二十億日圓以上的資金。以優秀的AI技術來提升日本企業的競爭力，其未來發展，眾所期待。

052

Vicarious

機器人智能化軟體

美國

企業價值

能像人類一樣思考學習的機器人

囊括臉書創辦人祖克柏、亞馬遜執行長貝佐斯和特斯拉執行長馬斯克三者投資而聲名大噪的新創公司，就是總部位於美國舊金山的Vicarious。Vicarious所著眼的「實現擁有人類程度的智慧機器人技術」，正風靡當今全球新創經營者們。

一直以來，工業機器人大多需要事先安裝軟體才能操縱，這個名為對機器人進行「教學（Teaching）」的作業程序不但費時也很花錢。利用能處理大量數據的AI深度學習等方式來克服此問題，是近來眾多AI新創者追求的目標。

但Vicarious有不同的做法。該公司想要開發的是將一定數量的事例轉為常態化的AI技術。就如同人類可透過經歷部分事例，而習得事物的一般處理方式，Vicarious認為可以讓AI也擁有同樣的學習能力。

重點在「無教師學習」

在深度學習中，運用了大量資訊的「有教師學習」獲得了豐碩的成果，但Vicarious重點放在「無教師學習」。它是不必再度安裝，就能讓機器人在各種環境中，以近似於人類大腦般的智能，進行高效率作業的AI技術。

Vicarious將焦點放在大腦的其中一部分——與視覺及聽覺相關的「新皮質」研究，以人腦的計算原理為基礎，開發AI軟體。這是種稱為「泛用人工智慧（Artificial General Intelligence）」的技術。

比方說，利用視覺讀取使用說明書，理解內容後自行組裝家具的AI機器人就可能成真。泛用人工智慧的應用範圍很廣，如今活躍於製造業、農業、運輸業、醫療、物流等領域的各種機器人，其性能可望藉由Vicarious的AI技術而有飛躍性的提升。

Vicarious設立於二〇一〇年，由史考特．菲尼克斯（Scott Phoenix）與來自印度的AI及神經科學研究員迪萊普．喬治（Dileep George）所創。史考特．菲尼克斯曾是一家新創公司的共同創辦人，該公司開發了可用平板在短時間內進行問卷調查的技術。Vicarious至今已獲得總額達一億兩千萬美元以上的資金，雇用五十位以上的研究員。二〇一八年十月經由美國矽谷創投基金，也獲得了數間日本企業的出資。

讓機器人像人類一般理解這個世界的概念——要想開發出這樣的AI技術，門檻當然很高。即使如此，若Vicarious真能實現以人腦的計算原理為基礎的泛用AI，機器人產業將可能產生本質上的改變。

Ridesharing

第 9 章　共乘服務

053

滴滴出行 Didi Chuxing

配車服務 ── 中國 ── 企業價值560億美元

進軍日本的中國配車服務巨人

中國的配車服務龍頭——滴滴出行正加速進軍日本的攻勢。與軟銀集團出資各半的合資公司DiDi Mobility Japan於二〇一九年四月二十四日宣布，會在東京及京都開始計程車的配車服務。已在二〇一八年九月插旗大阪的滴滴出行，如今終於要正式拓展事業版圖至日本全國。

在二〇一九年間，除了東京、京都以外，看準了中國觀光客多的地區，預計在北海道、兵庫縣、福岡縣等十個城市開始服務。

目標客群設定在連假期間造訪日本的中國觀光客。滴滴出行以中國為中心，全球有五億五千萬使用者。對中國人來說，到日本也能使用平常就用慣的APP叫車，相當便利。

不但能號召二〇一八年訪日突破八百萬人次的中國客，對日本的計程車公司也很有吸引力。透過APP結合地圖功能叫車，乘客與駕駛之間就算有語言的隔閡，也能順利抵達目的地。

此外，結帳方式的便利性也有更進一步的提升。滴滴出行配合的計程車，除了可以用事先註冊於APP的信用卡付款，也能使用軟銀與Yahoo（雅虎）合作的行動支付「PayPay」。

將與雅虎的合作活用於配車服務

不僅是自家人，滴滴出行也希望能獲得日本客的青睞。例如日本人慣用的路線查詢APP「Yahoo!乘換案內」，檢索畫面上就新增了「DiDi配車」的選項。只要按一下上面顯示的「打開APP」鍵，就能連結至DiDi的APP進行配車。

此外，滴滴出行從二〇一九年夏天起，推出了越常使用就能得到越多折扣券的「哩程計畫」，隨著使用金額和頻率增加，會員等級就能升等、獲得更多的折扣。

甚至還有使用APP支付就能免除叫車費的優惠活動。

日本的配車服務，目前有當地的JapanTaxi於日本四十七個都道府縣展開服務，還有DeNA以及索尼（Sony）的新公司，競爭激烈。後發的滴滴出行能否成功獲得訪日觀光客及當地日本客的青睞，備受矚目。

滴滴出行創立於二〇一二年，一開始提供配車服務就迅速累積不少用戶，二〇一六年收購了Uber中國，也獲得了中國的阿里巴巴、騰訊、百度三大網路巨頭的出資。

滴滴出行在中國已取得壓倒性的地位，便嘗試進軍海外，而日本市場就成了試金石。透過挑戰Uber及Grab等對手，期望能開拓新局蛻變成全球性企業。

054

Drivezy

車輛共享服務

印度

企業價值4億美元

「租摩托車，一百有找！」來自印度的車輛共享服務

從MaaS（Mobility as a Service，交通行動服務）易於普及的環境與市場的觀點來看，除了已開發國家及中國以外，還有個國家值得關注。那就是擁有超過十三億人口的印度。

如同當初引入無線通訊技術、快速造成智慧型手機迅速普及的狀況，在新興國家中偶爾會發生這種比已開發國家達成更高滲透率、一躍而起的「蛙跳（Leapfrog）」現象。而印度在交通行動領域中就蘊藏著成為這隻「蛙」的可能性。

在自家車普及率不到百分之三%的印度，人氣居高不下的就是以使用時間計費的小客車及摩托車租借共享服務。

「事業正在急速成長中。」二〇一五年、於印度班加羅爾創立車輛共享新創公

司Drivezy的執行長兼共同創辦人——亞胥瓦利亞・辛（Ashwarya Singh）說道。

月成交總額倍增

該公司於二〇一九年三月的月成交總額為三百五十萬美元（約新台幣一億六百萬元），較前一年度同月比翻了一倍。每月使用者數從二〇一九年一月到三月間增加了三倍。

合理的收費是Drivezy廣受歡迎的背後原因。雖然依方案有別，但該公司的共享服務一天僅在兩百盧比（約新台幣九十元）上下，就能租借一輛摩托車，而且提供摩托車一百六十公里、小客車一百二十公里內不收取油資的免費里程，租用小客車一日的收費則僅一千盧比（約新台幣四百五十元）左右。

摩托車共享服務Drivezy的共同創辦人阿比西克・馬哈將。

Drivezy也運用IT技術，建立一個車輛借貸雙方都能放心使用的機制。車上安裝GPS，除了能隨時掌握車輛行蹤，若發生被偷等意外狀況，租車主或業者也能藉由遠距操控，使車輛的引擎停止運作。

融合印度的風俗習慣與科技

在印度，人們原本就習慣將車子借給家人及友人使用，Drivezy運用科技，以民情習慣為基礎概念，建立出一套最新的商業模式。接下來更進一步將車輛共享結合共乘服務，漸漸催生出新的商業習慣。「我們開始看到沒有自用車的人租借共享車、然後去擔任共乘服務的駕駛來賺錢。」Drivezy的共同創辦人阿比西克・馬哈將（Abhishek Mahajan）指出。

已開發國家所無法想像的商業模式，來自印度的車輛共享服務正蘊藏著持續發展延伸的可能性。

055

夠捷 GO-JEK

配車・宅配服務

印尼

企業價值95億美元

連按摩師、美容師都能宅配

在印尼急速成長的行動相關新創——夠捷（GO-JEK）。主力為計程摩托車服務，其特色在於貼心的服務內容。像是幫忙從餐廳外送食物、載送按摩師上門、把忘在家中的東西送到公司等。

夠捷創立於二〇一〇年，納迪姆・馬卡林（Nadiem Makarim）發現到計程摩托車司機在尋找乘客的等待時間太長，因而開始了摩托車的配車服務。馬卡林從美國布朗大學畢業後，曾擔任麥肯錫顧問，之後取得哈佛商學院MBA，是位商業菁英。

最初以客服中心形式進行配車，但在二〇一五年開始了可用智慧型手機APP叫車的服務，短期內吸引了大批用戶。

它的特色是傾聽用戶的心聲，陸續提供不侷限於配車的多樣化服務。例如名為「夠食（GO-FOOD）」的食物外送服務，從高級餐廳到平價小吃，各式各樣的料理都能送，據說全印尼有高達十萬間餐廳登錄其中。

GO-JEK也開始經營宅配服務，配送各式各樣的貨品，甚至還有預訂票券、用手機訂購醫藥品後一小時內就可配送至最近藥局的服務。

比較特別的是「按摩師宅配到府」服務——「GO-MASSAGE」。與擁有三年以上經驗並經過身家調查無犯罪紀錄、被稱為「治療師」的按摩師合作。二十四小時、三百六十五天全年無休，此外還有「GO-GLAM」，派遣美甲保養、美髮造型、臉部保養等美容相關師傅到府服務。

當地路況不佳的對策

對於在路況不佳的地區容易發生的車輛故障，也提供修理、汽機油及電池更換、清潔等服務。另有清潔人員到家服務，除了吸塵、拖地、浴室清潔，廚房打掃、燙衣服、折衣服等服務一應俱全。

夠捷也正加速拓展海外的腳步。二〇一八年九月以越南為起點，目標整個東南亞市場，要將包含配車以外的多樣化服務，在各個不同的區域向下紮根。

056

Grab

配車・支付服務

新加坡

企業價值140億美元

計程車或腳踏車都能共享，也提供支付服務

在中國爆炸式成長的APP單車共享服務也進入了東協市場，當地的前導者，就是來自新加坡、經營計程車配車服務的Grab。該公司於二〇一八年三月九日宣布展開東南亞區域的事業。

打開手機上的專用APP，用戶附近可使用的空車就會顯示在地圖上，用手機掃描貼在單車上的QR Code完成個人認證後，單車就會解鎖。結帳可在手機上完成，也可異地還車。

原本這樣的使用方法與中國等地風行的單車共享服務並無二致，但Grab的服務特色，是標榜東協首見的單車共享市集，這使得在新加坡展開單車共享服務的各家公司，都能提供自家的單車參加「共享」，於二〇一八年三月，共享服務推出時，參加的有oBike等四家公司。用戶有更多家的單車可供選擇，也能解決「想騎可是附

近沒車」的困擾。

Grab的APP下載次數截至二〇一八年五月，已超過九千九百萬次。在Grab負責投資案件的Grab Ventures高層魯本・賴（Reuben Lai）對單車共享服務的遠景充滿期待：「這會是使用者、合作企業、本公司都能獲益的『三贏』理想事業。」

Grab於二〇一二年由兩位來自馬來西亞、美國哈佛商學院同窗的陳炳耀（Anthony Tan）及陳慧玲（Tan Hooi Ling）所創立。以計程車配車服務為主軸，持續擴大事業。二〇一四年成功獲得軟銀集團兩億五千萬美元投資，這是Grab首度取得的大筆資金。其後，接受軟銀指派的社長，於二〇一八年三月宣布收購美國Uber在東協的事業部門，穩固事業基礎。

扭轉「搭計程車令人不安」的印象

單車共享市集發表會。

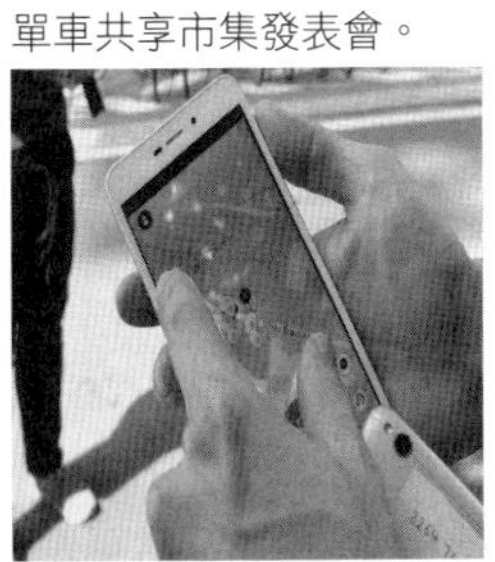

投入配車服務的契機，是執行長陳炳耀在回馬來西亞時，從海外友人口中聽說關於「搭計程車的驚悚經歷」，例如被哄抬價格、或是遭受危險。當時不僅在馬來西亞，東協的計程車服務品質都還是相當低落。

陳炳耀一行人便想到可以利用開始普及的智慧型手機，提供相對、價格透明安全的計程車配車APP。首先，在馬來西亞成立公司，接著在二〇一三年進駐菲律賓及新加坡。二〇一四年在越南及印尼也開始營運，同年更把據點移至新加坡。

不僅限於計程車的配車，與Uber同樣將服務擴大至一般小客車及計程摩托車的服務。目前提供包含搭便車、單車共享等十種以上服務，服務區域遍及八個國家、兩百一十七個城市。使用Grab的APP駕駛人數超過兩百四十萬人。二〇一七年十一月，達成從創業起算合計十億件的乘車紀錄，叫車APP也在新加坡及印尼等六國市佔率第一。

相較於美國Uber是以自家用車進行配車服務為主，Grab則是除了自家用車，也跟計程車公司合作配車。此外，還備有不易受塞車影響的摩托車，以及價格便宜的巡迴接駁巴士等移動方式。

但在疾速的成長中，也有來自軟銀的隱憂。軟銀除了Grab以外，也出資全球配車APP市場的開拓先鋒——Uber。由於Grab與Uber在東協區域內激烈競爭，為了確保合作駕駛數、開拓更多用戶，兩者皆已耗費巨資，對此，Uber決定採取將其東協事業讓給Grab的對策，同時藉此取得Grab二十七點五%的股權，執行長達拉・科斯羅薩西也就任Grab董事，盼能獲得更大的投資收益。

改變遊戲規則的GrabPay

當然，Grab也不是光靠軟銀的力量才能擴大到現在的事業規模。「改變了遊戲規則的是GrabPay。」Grab執行長陳炳耀強調。

二〇一六年十二月開始的GrabPay是Grab提供給用戶的行動支付服務。不只能用於支付Grab的服務費用，也能在合作廠商的電子商務交易網站購買商品、在餐廳用手機讀取QR Code結帳。

Grab的目標為一邊以配車服務為中心、一邊在GrabPay這個行動支付平台上號召各式各樣的服務供應商。其構思是提供多樣化的服務下，就能吸引用戶，而為了獲得這些用戶，服務供應商也會前來靠攏。

「Grab經濟圈」已徹底深植東協消費者的心中。

057

Lyft
配車服務

美國Uber緊追在後的對手

美國

企業價值220億美元

若問到誰是共乘服務龍頭——美國Uber最具威脅性的對手？在美國應該有絕大多數人會異口同聲地回答「Lyft」吧！

只要用手機APP叫車，幾分鐘內車子就會出現，並將用戶送達目的地，這一點與Uber相同。但Lyft不斷改善使用介面，提供可與同業對手匹敵的服務內容，因而持續成長。截至二〇一八年，Lyft已成長至擁有超過三千萬用戶、約兩百萬名司機的規模。在美國的市佔率達到三成，具有舉足輕重的地位。

Lyft是在二〇一二年由現任執行長洛根．格林（Logan Green）所創辦。格林畢業於加州大學聖塔芭芭拉分校，學生時代便有了針對長距離旅行提供共乘服務的構想，二〇〇七年創立的Zimride共乘服務新創公司就是Lyft的前身。

Lyft利用手機APP來搜尋離乘客最近的車輛進行媒合。乘客可對駕駛進行五等級的評分，問題少的優良駕駛才能繼續提供服務。除了一般的接送，還有媒合前往同方向的多位乘客以提供價格更便宜的共乘服務。此外，也提供六人以上廂型車、高級黑頭車供選擇。

為了吸引駕駛加入還提供英語課程

為了吸引駕駛加入，Lyft下了很多工夫。不但提供了可免費使用兩萬台以上ATM的銀行帳戶，若使用其發行的提款卡加油或是購買食材等，還能獲得一%～四%的現金回饋。

此外，車輛維修費用最多可免除五成；在加州，Lyft也提供車輛故障時，會派出行動救援車前往修理的服務。

由於有許多外籍駕駛，Lyft也加強教育訓練，提供能提升英語能力的線上課程，也開立對申請大學或就職有幫助的英語能力證書。以踏實的作法增加駕駛人數，是Lyft得以和Uber並駕齊驅、佔有一席之地的原因。Lyft在二〇一九年三月於美國那斯達克交易所上市。上市首日收盤價合計市價總額約兩百二十億美元。其最大股東為樂天（Rakuten），截至上市前持有十三%的股份，是此次上市獲得巨額收益的大贏家。

058

Ola ANI Technologies

三輪計程車配車服務

印度

企業價值60億美元

能提供三輪計程車的庶民型共乘

「Auto Rickshaw」在印度四處可見。它是三輪車型的計程車，後方座位可以載兩個人左右。對觀光客來說，除了收費方式讓人摸不著頭緒、需要議價外，是否真能被載到目的地是最令人憂心的事。

為這個印度最具代表性交通方式帶來巨大改變的，是印度的ANI Technologies。二〇一〇年創立，當時是以孟買為據點，使用品牌名「Ola」進行三輪計程車配車服務，後來總公司移至班加羅爾，二〇一四年起也開始經營四輪計程車這一塊。

在印度，除了街頭流動的計程車少，司機也常常迷路，議價方面也很麻煩。但Ola的服務除了可利用手機APP呼叫包含三輪式的計程車，也能事先知道車資。且APP也能為司機導航，所以用戶呈現爆炸式的成長。之後，事業也擴大至計程車共乘服務、租車、車輛共享、二輪車共乘、大學校園內單車共享等。

與軟體銀行、鈴木汽車合作

日本企業也關注著Ola的成長，進行出資及合作計畫。二〇一七年軟銀集團出資三億三千萬美元（約新台幣一百億元），隨後追加出資，目前已持有ANI Technologies二十五%的股份。

同年，在印度汽車銷售市佔率第一的鈴木汽車也透過當地子公司Maruti Suzuki與ANI Technologies合作，經由Ola介紹想要開始投入計程車業的人士，預計培養四萬名駕駛在鈴木汽車當地的銷售門市進行訓練、並介紹能提供購車貸款的金融機構給受訓者，進一步也促進鈴木汽車的銷售。

有了這樣的援軍，ANI Technologies也加快了拓展策略，二〇一八年收購了德國餐飲外送公司foodpanda的印度事業部門。接著也進軍澳洲，開始在雪梨與墨爾本提供服務。

059

優步科技 Uber Technologies

配車・宅配服務　——美國　——企業價值670億美元

亦致力於發展空中飛行汽車的配車服務霸者

「簡直就像飛天魔毯。」住在美國舊金山的軟體大廠員工，如此評論美國Uber所提供的共乘服務。其後又補充了一句：「已經無法想像沒有Uber的生活了。」

Uber的服務將願意提供自家用車的個人、與想要前往某地的個人透過智慧型手機APP連結起來，無論有需求的用戶身在何處，駕駛都能開著自用車迅速驅車前往，收取實惠的費用載乘客至目的地。

用戶一年達九億人次

Uber在二〇一〇年於舊金山開始配車服務，現今遍及全球大約有八十個國家、地區，六百個以上城市可以使用Uber的APP叫車。其用戶光是駕駛人就達到三百萬名。使用共乘服務的用戶一年達九億人次。

記者在紐約及舊金山實地測試，在叫車後大約兩到四分鐘左右車子就到了。Uber的交通政策主管安德魯．薩爾茨伯格（Andrew Salzberg）對此頗為自豪：「目前可供配車的車輛數增加，在美國多數大城市候車時間約在五分鐘以內，比起計程車便利多了。」

帶領著Uber成長的是於二〇一七年六月為止擔任執行長一職的特拉維斯．卡拉尼克（Travis Kalanick）創辦人。一直以來，卡拉尼克以強勢的領導方式迅速拓展事業版圖，但其對於駕駛出言不遜的行為、以及對公司內部性騷擾事件的應對、意圖竊取對手企業機密資訊等醜聞層出不窮，最後黯然下台。

創辦人的負面消息對於採由上而下管理的新創公司來說是致命傷。如此艱難的處境中，於二〇一七年八月就任執行長的，是曾任美國線上旅遊平台Expedia高層的達拉．科斯羅薩西（Dara Khosrowshahi）。

「比起利益，更重要的是用心思考，做正確的事。」科斯羅薩西宣布了這樣的方針。他認為Uber「過去以成長為首要、有不擇手段的傾向」，為了改變這樣的企業文化，他不斷地與眾多員工們對話。收集來自一千兩百位以上員工的改革意見，在內部進行討論，制定行動準則。

Uber確實改變了。開始與一直以來站在對立面的計程車業界及有關當局展開對話，採取折衷協調路線。在新加坡已與計程車公司配合，提供計程車使用Uber的APP，在日本也與計程車公司共同合作。

不僅提供配車服務，也推出能將餐廳料理配送到府的「Uber Eats」。在台灣常映入眼簾的是，後座放著印有LOGO的黑色方型包包、騎著機車穿梭大街小巷的外送員。

在海灘休憩時餐點也能即刻送到

由於位置資訊精確度高，「就算在加州海灘趴著休息時，想吃的餐點也能馬上送到。這是前所未

Uber的自駕車在美國反覆進行行車實驗。

有、讓人心動的體驗。」同集團核心事業Uber Everything的負責人傑森・德羅奇（Jason Droege）副社長強調。

「車之於Uber，就像書之於亞馬遜一樣。」Uber執行長科斯羅薩西拿亞馬遜來比喻自家的經營戰略。亞馬遜也是先從書開始，逐步延伸至家電、雜貨、食品等擴大商品種類範圍。也就是將共乘服務使用者用慣了的APP化為平台，在上頭展開多樣化的服務。

Uber不僅將運送的服務從人擴大到物品，在運送的交通工具本身，也即將發動一波革新。

Uber亦致力於自動駕駛車的技術開發。負責的技師有一千七百五十人，已經研發了兩百輛以上的自動駕駛車，在美國與加拿大四個城市進行實測。以實際載送一般乘客的方式，行駛距離合計超過兩百萬英哩，加緊腳步收集自動駕駛實用化相關數據。自動駕駛車的運用規模及累積行駛距離，大幅超越幾乎所有的汽車大廠。

Uber自身也開發針對共乘的自動駕駛車必備基本系統，目標是供給全球的汽車業者。

也開發空中Uber

運送的道具不僅限於車輛。「我們想要實現空中飛行的Uber。希望能將車程兩小時的距離縮短至九分鐘可達。」擔任首席產品長的傑夫・霍登（Jeff Holden）表示。

其所開發的是由馬達與電池驅動的垂直起降型電動空中計程車。目標於二〇二三年商用化。已經與美國直升機製造大廠——貝爾直升機（Bell Helicopter）、巴西飛機製造商——巴西航空工業公司（Embraer）等五家企業合作，也延攬美國太空總署（NASA）前工程師，加速研發作業*。

「不只是部分有錢人的專利，我們希望提供任何人都能利用的實惠服務。」霍登宣示了Uber的雄心壯志，目標讓數千輛的飛天汽車進行航運。

肩負著「在眾多領域引發運輸革命」的高度期待下，Uber於二〇一九年五月十日在美國紐約證券交易所上市了。但是，首日收盤價以四十一點五七美元作收，比公開發行價格四十五美元還下跌了八％。市值總額雖達到約七百六十億美元，但持續的鉅額赤字彰顯了收益面的嚴峻課題。

二〇一九年五月底，Uber首度發表了當年度一至三月的決算狀況。營收比上年度同期增長二十%、約三十一億美元，但最終以虧損約十億美元作收。與對手的激烈競爭、加上需要支付駕駛的薪酬，居高不下的支出影響了收益表現，股票總市值也降至約六百七十億美元。

以運輸革命為目標的Uber，若不能先確立本業的共乘服務獲利模式，將難以樂觀展望未來。

＊二〇二〇年一月六日，韓國現代汽車（Hyundai Motor）宣布與Uber獨家合作的電動空中計程車概念機S-A1正式亮相。

Mobility

第 10 章　交通運輸

060

GLM

電動車製造商

日本

企業價值

目標成為電動車幕後推手的京都大學創投

與其將電動車市場的目標放在成為下一個美國特斯拉，不如成為平台事業的幕後推手。這是二〇一八年三月來自京都大學的電動車業者——GLM所發表的策略，並引發汽車業界關注。

在這之前GLM以「日本版特斯拉」之姿，投入相當大的心力在自有品牌電動跑車上。二〇一四年發表兩人座跑車「Tommykaira ZZ」之後，更進一步宣布將研發日本首款電動超跑——四人座的「GLM G4」。

尤其在二〇一六年巴黎車展上首度公開亮相的G4概念車，蔚為話題。深具跑車特色的上掀式蝶翼車門，設計洗練，最高輸出為五百四十馬力。從零加速到一百公里僅需三．七秒，最高時速為兩百五十公里、充飽一次電可行駛的距離為四百公里，如此高性能的超跑讓人驚豔不已。

這樣的GLM又為何決定要改變以自有品牌為重心的策略、轉向平台事業的技術經營呢？

在海外，尤其是中國對電動車的關注升高，隨著政府也成為背後助力，加快研發腳步的業者急速增加，預計電動超跑也將陸續登場。

在這之中，前來尋求GLM協助電動車開發的業者也增加了。二〇一七年接受香港投資公司奧立仕控股（O Luxe Holdings）的投資，考慮藉由幫助中國等地汽車業者的電動車開發，拓展更多商業上的可能性。

未來電動車平台也提供其他公司使用

GLM活用自家一路研發至今的電動車技術，不但支援汽車製造商的電動車量產與研究開發，也進一步投入零件素材、化學、IT業者等汽車相關產業的技術開發。

這家公司所開發的未來的電動車平台，不僅提供自有品牌的成品車使用，也提供其他公司的電動車使用。平台的定義是車架底盤、避震懸吊系統等車體與馬達或電池構成之驅動系統。亦可對應先進駕駛輔助系統、車載軟體無線更新等。

增設合作研究開發據點

二〇一八年十一月，GLM新設了電動車的研究開發據點，是一棟四層樓建築，面積兩千一百五十一平方公尺。一樓跟二樓為研究開發據點、三樓跟四樓是總部辦公室。為了推動平台事業，一樓設置了「開發現場展示區」，二樓則設置與其他公司共同製作的車輛或零件等的開發現場，能讓個別專案小組進行活動。

此外，與日本歐力士科技租賃（Orix Rentec）聯手，開始電動車平台產品的租賃服務。京瓷（Kyocera）與帝人（Teijin Limited）也與其合作電動車技術開發項目。

電動車產業可望發展為巨大市場，但做為成品車業者的一員，來自全球的競爭者眾，GLM認為與其如此，不如以成為幕後推手的策略迎戰，盼能實現成長願景。

061

蔚來汽車 NIO

電動車製造商

中國

企業價值68億美元

來自中國的電動超跑

請看下一頁的照片。帶著流線型的跑車，引擎聲似乎正轟隆作響，隨時要奔馳而去。事實上，這部車的確很快，最高時速可達三百一十三公里。不過，並不會聽到引擎聲，因為它是一部以電力發動的跑車。

這裡是位於中國上海的電動車新創——蔚來汽車的總部。「我們現在從全球最快的電動車成為全球最快的量產車了。」二〇一七年五月下旬，面對前來採訪的記者，公關部負責人以自豪的口吻介紹的車款，正是該公司剛開放預售的電動跑車「EP9」。

「六分四十五秒九〇」——公關部負責人指著牆上所顯示、刷新了世界最快紀錄的時間。這是在二〇一七年五月十二日於德國紐博格林北環賽道、以「EP9」跑出的好成績。

該賽道以全球車廠用作測試高性能車型、於一圈約二十公里的競速賽表現而聞名。EP9於二〇一六年秋天在此創下電動車最快紀錄，二〇一七年五月更縮短近二十秒的時間，打敗德國保時捷與義大利藍寶堅尼，奪得第一。

「不僅外觀講究、技術面也符合對高級品牌形象的期待。」蔚來汽車副社長朱江自豪地表示。駕駛座艙採用輕量的碳纖維強化塑膠（CFRP）材質，充飽電時馳騁距離可達四百二十七公里。價格約新台幣四千五百萬元，首批出廠的六輛已交到中國網路大亨騰訊控股執行長馬化騰等人手上，並已決定追加生產十輛。

中國汽車產業面臨電動車市場泡沫化

來自中國的電動超跑「EP9」。

中國汽車產業正為了電動車泡沫榮景而沸沸揚揚。二〇一六年，以電動車為主的「新能源車」（含商用車）銷量約達五十萬輛，較二〇一五年多了一．五倍。

背後的原因來自中國政府於二〇一〇年起逐步擴大的補助政策。包括地方政府的補助，一輛車最多可獲得六萬六千人民幣的補助金，大環境相當有利於業者推動電動車銷售。在上海等部分城市，原本取得車牌要花上數萬人民幣的費用，但若是電動車就免費。雖然也有車廠為補助金出現浮報生產量的嫌疑，但參與政策的企業超過兩百家。

蔚來頂著「世界最快」的招牌加入電動車市場的戰局，創業歷史雖從二〇一四年才開始，創辦人李斌已經是經營中國汽車電商平台的知名實業家，公司也在美國上市。

蔚來將自動駕駛技術及人工智慧研究部門設置於美國矽谷，設計中心則在德國慕尼黑。旗下員工來自日本、歐美等地約四十個國家的車廠及IT企業，總人數已經超過兩千人。

這樣的陣容下，首度量產的只有前面提及的「EP9」。即使營業額目前是「零」，但已計畫量產全鋁製車身SUV（運動型多功能車）型電動車「ES8」。為了搭載自行開發的電池及馬達等生產設備，已耗費三十億人民幣的巨資，蔚來汽車甚至已經計畫於二〇二〇年以全自動駕駛車「EVE」投入美國市場。

蔚來也是未上市而企業價值超過十億美元的「獨角獸」一員。根據美國市調公司CB Insights發表的報告，該公司評估市值在二〇一七年高達二十八億九千萬美元（※二〇一九年為六十六億美元）。其出資者除了騰訊、百度、聯想集團等中國龍頭企業，還有矽谷代表性創投基金紅杉資本也名列其中。

蔚來正以豐沛的資金做為武器迅速前進，或許是看重品質提升的重要性，朱副社長說：「我們的目標是向日本的Lexus看齊。」另一方面，也展現了這樣的信心：「我們會以嶄新的構想持續在業界耕耘，說不定將來會有超越Lexus的車款誕生。」

062

Otonomo Technologies

車輛資訊交易所

互聯汽車的「資訊交易所」

以色列

企業價值3億7000萬美元

提供能進行互聯汽車（Connected Car）資訊買賣的市場——從事如此特殊生意的以色列新創Otonomo Technologies正搏得廣大的關注。

二〇一八年二月，NTT DoCoMo旗下的創投NTT Docomo Ventures宣布將出資Otonomo。電信業者會對Otonomo展現高度興趣，是因為第五代行動通訊技術「5G」的高速通訊一旦上路，互聯汽車的時代也就正式揭開序幕。

隨時連接高速網路的互聯汽車，會產生龐大的數據資訊。例如GPS位置資訊、行駛速度、汽油消耗、電池電量等，多面向的數據在相關企業眼中有如一座寶山，車輛被如何使用、駕駛有什麼習慣，都能一手掌握。

與汽車製造商、車載資通訊（Telematics）業者聯手取得大數據

Otonomo與數十家汽車製造商、車載資通訊業者與數據應用分析業者合作，取得龐大數據，再將各式各樣的車輛數據，進行匿名等加工處理，並採取加密保護措施，以便讓第三方企業在開發新的APP或服務時能加以運用，形成一個可供交易的市場。

什麼樣的企業會想要互聯汽車的數據資訊呢？其實對於自動駕駛不可或缺的地圖製作業者、停車場服務供應業者等，這些可是夢寐以求的情報。

當然對於汽車零件商及提供相關服務的企業也頗具利用價值。若能取得關於汽車在不同駕駛人操作下被如何使用的詳細數據，就有助於之後新產品的開發。由於能獲得以往難以取得的珍貴資訊，與Otonomo合作的企業多了起來。像以零售商來說，若能掌握車子行駛狀況，就可以做為決定店面地段的參考，也較容易決定營業時間訂在幾點為佳。而對保險公司來說，若能知道駕駛詳細的用車狀況，就能將風險因素分析得更仔細，藉此設定保險費率，也有助於企畫提供新商品。

對駕駛人有幫助的新服務

運用車輛數據，還能創造出有助於駕駛人的新服務。例如對於汽油快耗盡的車輛，就可以提供附近加油站的折扣活動訊息；電動車快要沒電時，也能告知其最近的充電站。

Otonomo創立於二〇一五年，已募得五千萬美元以上資金，瞬間成為新世代的有力創投公司，未來可期。

063

Volocopter

空中飛行汽車製造商 —— 德國 —— 企業價值 ——

用電力發動的「空中飛行汽車」

配置著十八個小型旋翼，彷彿是無人機放大版的「空中飛行汽車」，靜靜地前往世界的高空展開旅程。這是由德國新創公司Volocopter開發，可乘載兩名乘客的垂直起降電動飛行器（Electric vertical take-off and landing）「Volocopter 2X」。

以電力及馬達驅動旋翼的單純構造，不像直升機會發出驚人的噪音，很適合在市中心區域有限的空間內起飛降落。

像在玩電腦遊戲般以操縱桿控制，能依照直覺操作，即使飛行員的手離開操縱桿，仍能自動保持飛行模式。在允許自動操縱的範圍內，這種電動飛行器也能自主飛行。

以光纖接續螺旋槳、馬達、蓄電池組、電子調速器等，也搭載飛行控制與安定支援系統，確保高度的安全性，並備有緊急狀況時用的降落傘。比起有許多複雜機械零件的直升機，因構造上簡單許多，維修保養所需的花費並不高。

Volocopter所開發的「空中飛行汽車」。

Volocopter的垂直起降電動飛行器，早在二〇一六年便完成全球首度獲得認證的載人飛行。二〇一七年九月起與杜拜有關當局合作，進行自動駕駛空中計程車的初

次試飛，並在二〇一九年十月完成在新加坡試飛的計畫。透過反覆的試飛累積經驗，以便日後開始正式的服務。

英特爾與戴姆勒亦出資

在塞車問題嚴重的大城市，對空中計程車的關注日增，像Volocopter這樣利用電力發動、噪音少的電動飛行器大量飛上天際，實現如同計程車般便利的交通系統，這樣的趨勢正在加速蘊釀中。

當然也有眾多競爭者。除了美國Uber，美國飛機製造商波音也投注心力在相關技術開發上。即使如此，已進入試飛階段的Volocopter，仍是該市場第一把交椅，並已獲得美國半導體大廠英特爾及德國汽車大廠戴姆勒出資，Volocopter預計在三到五年內達成商用化目標。

064

小鵬汽車 Xpeng Motors

電動車製造商 ｜ 中國 ｜ 企業價值37億美元

特斯拉不敢掉以輕心的中國新興製造商

「離職員工洩漏了我們的自動駕駛技術機密。」二〇一九年三月，被美國電動車製造商特斯拉控告的對象，就是中國電動車製造商——小鵬汽車。

不只是特斯拉，同樣開發自動駕駛技術的美國蘋果電腦，也指控轉職到小鵬汽車的前員工竊取機密。二〇一八年，美國聯邦調查局起訴了該名前職員。

小鵬汽車因這些不名譽的消息而廣受注目。不過，這也證明了中國新興電動車商的實力正在提升，足以讓代表美國電動車及IT產業的兩巨頭神經緊繃。

小鵬汽車創立於二〇一四年，算是很新的公司。該公司於二〇一八年底發售首款SUV電動車「G3」，二〇一九年三月開始交車。第二款轎車「P7」更是已於二〇一九年十一月啟動預售。

特斯拉對小鵬汽車持高度警戒的理由，在於中國也想掌握電動車市場。由於中國政府積極推動電動車普及化，特斯拉本身也在中國設立了電動車用電池及成品車組裝的工廠。

在中國成了特斯拉的競爭對手

在這之中，小鵬汽車最有可能成為特斯拉的競爭對手。卓越的加速性能、滿電量時行駛距離（續航力）可長達三百公里至五百公里左右。論及外觀設計及規格，也讓人很難不聯想到特斯拉。

例如「P7」的外觀就非常近似特斯拉的轎車。參加了中國車展的記者實地看到P7展示時指出，「遠看跟特斯拉的車簡直一模一樣。」

對特斯拉來說，在當地建了工廠、將要正式展開自家電動車事業的當口，自然希望避免市面上充斥著相似的設計、價格又相對便宜的產品。因此，也有不少人認為，這才是小鵬汽車被告的真正理由。

無法輕視小鵬汽車「只不過是個山寨車商」，還有別的原因。那就是該公司的背後，有中華圈具代表性、擁有優秀技術的知名企業做後盾。中國電商龍頭阿里巴巴集團及手機大廠小米的執行長，以及台灣的鴻海精密工業等，都是小鵬汽車的投資人。在軟硬體兩大領域，分別有世界頂尖的巨人們推一把，對小鵬汽車的電動車開發無疑是一大助力。

引進尖端的設計及技術、加上豐沛資金的挹注，小鵬汽車將挑戰電動車巨人特斯拉，立志成為領導全球的汽車製造商。

Logistics

第 11 章 物流

065

Flowspace

倉儲服務

美國

企業價值

需要時才使用的「彈性倉庫」

提供不必長期簽約、也沒有規定最低租用面積，企業可在需要時才租用需要的空間、且據點遍及全國的彈性倉庫服務——崛起於美國的這間新創公司，就是總部位於美國洛杉磯的Flowspace。從過去到現在，出租倉庫的主意不算新穎，但在各家租期及使用空間方面，充滿了繁瑣的規定。Flowspace是以貨架為單位計算倉庫使用費，沒有用到的空間即不計費，並主打能以「月」為單位短期租用。

全美國有五百個地點的倉庫，從衣服到需要低溫管理的冷藏、冷凍品等，所有種類的商品皆可保管，並可提供裝箱及貼標籤的服務。

顧客的增加，來自於在網路上銷售商品的零售業者。

Flowspace結合美國亞馬遜及全球約有八十萬家企業使用其商店街平台的Shopify，達成無縫購物體驗。在接到顧客訂單後，Flowspace便對寄放在倉庫的商品進行揀貨、打包、出貨作業。「網路零售商只要專注在商品開發、行銷、販售就好，包貨及配送等物流業務就交給Flowspace吧！」這就是Flowspace打出的宣傳口號。

有效利用多餘的倉庫空間

不只有利於電商企業，擁有多餘倉庫空間的企業也從中受益。只要將符合條件的倉庫登錄於Flowspace網站的話，不但能有效活用多餘空間，每月還能收取使用費。Flowspace也提供操作方便的倉庫管理軟體給用戶。

Flowspace於二〇一七年，由曾任職於經營環保嬰兒用品的美國誠實公司（The Honest Company）班．伊恰斯（Ben Eachus）執行長及軟體技術工程師傑森．哈伯特（Jason Harbert）技術長所創辦。在電商蓬勃發展下，業務蒸蒸日上，截至二〇一九年四月，已募得十五億五千兩百萬美元。即使有亞馬遜等大企業獨佔鰲頭，但作為前景可期的電商幕後推手，令人無法忽視它的存在。

066

FreightHub

貨物運輸服務

德國

企業價值

透過「陸、海、空」提供物流的最佳解答

從航空、船舶、鐵路、貨車等各種運輸手段，尋求能兼顧速度與成本、提供符合顧客需求配置的數位貨物運輸——提供此服務的就是總部設於德國柏林的新創公司FreightHub。提供綜合物流服務的企業雖然很多，但都必須依賴各家公司的物流網，報價也需要一家一家去洽詢取得。

FreightHub提供的平台可以橫跨各式各樣的運輸網進行搜尋，立即算出所需費用並預約，出貨後也能即時追蹤去向。例如，歐洲最大的線上家具店「Home 24」。上面有八千家以上的製造商、十萬種以上商品可供選擇。其中來自亞洲的家具及裝潢用品因運送時間長，更突顯出庫存管理上的問題。

於是，Home 24開始使用FreightHub的服務。利用該公司的平台，決定最適當的運輸配置，活用在出貨等配送資訊的管理。不但易於管理全球的配送狀況，文件資

料也能共享，也便於回應來自海關等相關當局的詢問。

也承辦通關時不可或缺的文書作業

FreightHub不僅會顯示哪個運送選項最符合顧客需求、提供詳細的追蹤方式；也承辦通關時不可或缺的文書作業，向顧客報告最新狀況。

此外，美國亞馬遜提供賣家的服務「亞馬遜物流（FBA；Fulfillment by Amazon）」，也在FreightHub的服務範圍內。FreightHub在處理業者的出貨品項時，遵循亞馬遜的營運方針，也會備妥包材及貨架。只要業者上傳亞馬遜標籤到FreightHub的平台上，FreightHub就會協助將標籤貼到商品上。

FreightHub創立於二〇一六年，之後在短短兩年多便成長為擁有一千間以上賣家合作夥伴的網絡。目前正積極成為處理歐、亞、北美間海空貨物的歐洲主要運輸業者，也已成功獲得來自創投公司超過兩千三百萬美元以上的資金。

067

GLP

物流設施

新加坡

企業價值94億美元

迅速擴展全球，物流設施中的怪獸級企業

隨著電商發展而需求擴大的物流設施中，有一家不為人知的全球性企業正在日本迅速成長。

二〇一九年四月，新加坡大型物流設施業者普洛斯集團（GLP）日本子公司，宣布將於千葉縣的「GLP流山專案」第二期計畫中，開發五棟新的物流設施。包括已經在使用中的設施，專案整體的總樓地板面積約九十萬平方公尺，相當於二十個東京巨蛋。總開發費用高達約新台幣五百一十億元，所費不貲。

這個物流設施不僅是日本最大規模，也具備前所未見的種種嶄新機能。例如裡頭設有政府認證的托兒所，可容納二十到三十位兒童，並考量到在清晨及深夜工作的司機等員工，也設有淋浴間、投幣式洗衣機等設備。

GLP在日本其他城市也經營許多物流設施。自二〇〇九年設立日本子公司以

來，持續迅速成長，目前全國有一百零六棟、總樓地板面積五百五十八萬平方公尺的物流設施正在營運中。GLP在神奈川縣相模原市也在打造與流山市相當規模的巨大物流設施。

在世界各地陸續建造大型物流設施

以電商為主軸而擴大的物流需求，當然是全球性的趨勢。GLP的物流設施也在中國有總樓地板面積兩千九百二十萬平方公尺、在美國有一千六百二十萬平方公尺，在兩國國內皆為規模最大，此外也積極往歐洲及巴西等地擴大版圖。

以全球總和來看，物流設施總樓地板面積也是世界最大、達七千三百萬平方公尺，運用資產總額達六百四十億美元（約新台幣二兆元）。

吸引了運動用品、化妝品、汽車等國際性企業

巨大的物流網也吸引了世界級大企業。在電商方面，除了亞馬遜以外，中國的

京東商城等也是其客戶。運動用品製造商方面有愛迪達、化妝品方面有萊雅及雅詩蘭黛、汽車製造商則有戴姆勒及BMW等名列其中。

GLP擅長以物流設施為中心延伸出效率化的設計。活用輸送帶及機器人等自動化系統，達成省時省力等目標是其優勢所在。

身為物流設施的全球性霸主，GLP的存在感將會持續不斷攀升。

Healthcare

第 12 章 醫療保健

068

Alpha Tau Medical

醫療機器 —以色列— 企業價值 —

用「阿爾法粒子」破壞癌細胞的DNA

透過放射「阿爾法粒子」，破壞癌細胞的DNA——對惱人的癌症治療有所幫助的創新醫療技術正受到矚目。

開發此技術的是以色列的醫療新創公司——Alpha Tau Medical。新型放射線治療法名為「擴散α射線放射治療」（Alpha DaRT），是將阿爾法粒子的放射性種粒注射入腫瘤內，將種粒周圍癌細胞摧毀的治療法。

除了對以往接受過X射線及伽瑪射線等放射線治療但效果不彰的腫瘤外，據說對於曾接受過化療無效的腫瘤等也有效。

此外，也能結合原有的癌症療程，可望將腫瘤周邊健康組織的負面影響降至最低。因此，可以提供患者生理負擔較少的治療。而且患者基本上不必住院即可完成。

臨床實驗中獲得良好療效

在以色列及義大利所進行針對頭頸部癌症的臨床實驗中，據說顯示了良好的療效。十五例患者經過三十到四十五天的觀察期，所有的患者都對此治療有反應，且有七十三・三％的患者癌細胞縮小或消失，副作用也在容許範圍內。

日本也在二〇一九年五月開始治療實驗。HekaBio已向醫藥品醫療機器綜合機構（PMDA）提出採取Alpha DaRT的治療實驗計畫申請。計畫是以過去採用過放射治療但復發的頭頸部癌症患者、有放射治療史而內科治療效果不佳者、遭判斷無其他治療選項可選擇之復發性或難治性乳癌患者為對象，進行國內臨床實驗。此外，也以二〇二一年將該療法引進市場為目標。

在世界各地進行的臨床實驗中，若能展現出更明確的成效，將可望以癌症創新療法之姿進軍全球市場。

069

亞拉文眼科醫院 Aravind Eye Hospital

醫療機構 ─ 印度 ─ 企業價值 ─

解救貧戶失明危機的印度醫療機構

因為貧窮，即使得了白內障也無法獲得妥善治療，就這樣失明了。在十三億人口中，清寒階級佔多數的印度，有很多人因罹患眼疾而失明。

希望著手解決這個問題，亞拉文眼科醫院（Aravind Eye Hospital）將目標放在「防治可避免的失明」，積極於印度從事相關活動。該醫療機構在南印度經營十多間眼科醫院，其營運模式令人嘖嘖稱奇。

對於經濟上有困難的患者提供免費看診服務、能負擔費用的患者則付費。事實上，有將近五〇%的患者都是無償接受白內障手術，另外三十五%的人負擔三分之二的醫療成本、十八%的人則支付超過其醫療成本的費用，以費用分級制度收費。亞拉文體系的醫院一年中治療將近四百二十萬的外來患者，執行約四十八萬台手術。其中，付費手術約二十四萬台。

能達成如此低成本醫療，要歸功於重視效率，也稱為「麥當勞式」的診療與手術系統。在亞拉文的主力醫院，一天執行兩百台手術，相當驚人。手術室是多床制，病床一字排開，醫師及護理師像是進行流程作業般，依序往隔壁床鋪移動，為患者做手術。雖然這在先進國家是無法想像的，但能為眾多患者有效率地進行手術，就能間接降低醫療成本。

大幅降低人工水晶體成本

為了降低醫療成本，也想辦法減少白內障手術中會用到的人工水晶體成本，亞拉文成立了Aurolab醫療器材公司，透過削減物流成本及手續費，大幅壓低人工水晶體價格。Aurolab善用此知識，擴大產品製造範圍，除了眼科用藥，也製造心臟血管縫線、顯微手術縫線、消毒藥水等。

亞拉文眼科醫院的創辦人是文卡塔斯瓦米醫師（Govindappa Venkataswamy），為了能讓貧窮人家也能獲得醫療資源，成立了該院。之後，除了醫院的功用，也透過Aurolab建立手術用品、醫療機器、製藥相關系統，實現低成本的醫療。

當然，這個模式也適用於印度以外、其他貧窮人口眾多的新興國家。Aurolab所製造、價格低廉的人工水晶體等醫療用品正擴大出口海外，包括醫療機構制度的「亞拉文模式」將進一步推廣至全世界。

070 Calico 長生不老研究

來自谷歌的「長生不老」創投

——美國 ——企業價值——

美國谷歌於二〇一三年設立了令人感到不可思議、研究主題為「長生不老」的子公司。它是總部位於美國矽谷的Calico。當時，對於成立公司的目的，谷歌創辦人賴瑞．佩吉（Larry Page）這麼表示：「它的焦點是放在健康、幸福及長壽。」

誠如其所言，Calico進行的是以活用最尖端科技來控制壽命的研究。希望能實現一個讓人類能活得更久、更健康的世界。

Calico集合了醫學、創造新藥、分子生物學、遺傳學、計算生物學的科學家們。創辦人是阿瑟・萊文森（Arthur D. Levinson）。一九九五年～二〇〇九年曾任生物科技新創公司基因泰克（Genentech）執行長，同時也是美國蘋果公司董事長、谷歌董事，美國前總統歐巴馬也曾授與他國家技術革新勳章。

首席技術長大衛・博特斯坦（David Botstein）是遺傳基因工程第一人，擁有基因發現、基因間交互作用系統等級的調節研究實績。其他還有研究長壽基因、神經細胞、生殖細胞等老化分子生物學的專家參與其中。

也著手醫藥品的開發

Calico也成立了以伴隨老化出現的疾病為研究對象、進行老化研究及開發相關治療醫藥品的Calico Life Sciences公司。二〇一九年一月宣布任命了醫藥品的開發負責人，著手研究針對老化相關病症的新型治療法、並做好臨床實驗的準備。

二〇一八年Calico的科學家，發表了關於平均壽命遠高於其它嚙齒類動物的裸鼴鼠的研究論文，由於其打破了高佩茲死亡率定律（Gompertz law）所稱「動物死亡風險與年齡增加指數呈正相關」的觀點，而廣受矚目。據說裸鼴鼠幾乎不會顯露出老化的徵兆。

運用相關的研究成果，Calico著手開發讓人類更接近長生不老的治療方式與醫藥品。谷歌也活用全球最頂尖的電腦技術以加速研究開發，實現這個全人類的夢想。

071

FiNC Technologies

健康管理科技

日本

企業價值356億日圓

支援日常健康管理的個人化AI

二〇一八年九月，健康科技新創公司FiNC Technologies宣布募得超過五十五億日圓的資金。該公司提供方便用戶進行日常健康管理的手機APP「FiNC」，下載數已突破五百三十萬次，使用人口正在擴大中。

「FiNC」也提供經由專家監製，以影片或文章形式發布的健康、美容、健身等資訊，還能自動記錄用戶的行走步數、自動計算攝取的卡路里等功能，減輕使用者需要自行找尋相關資訊並輸入資料的負擔，此外，更運用AI聊天機器人提供健康諮詢。

「FiNC」還設計出名為「Mission」的程式，能幫助不同年齡的使用者解決保健、美容相關煩惱，提供的服務之多，可說是不遺餘力。

FiNC以「能讓用戶持續使用」為APP的設計初衷，並以豐富的內容贏得眾多好評。據說其APP中的日常健康管理數據已累計達二十三億筆、基因數據超過八萬件。而這些從活躍使用者獲得的大量數據，十分有助於相關企業進行商品開發及擬定行銷策略，故頗具價值。

深獲三十歲以下女性支持

在「FiNC」APP使用者中，女性就佔了八十三%，尤其以三十歲以下的年輕人居多。用戶遍及全日本，其中東京都、神奈川縣、千葉縣、埼玉縣等首都圈一帶的用戶比率更佔其中的三成。

執行長溝口勇兒表示，「我們的目標是利用科技來幫助用戶建立良好的生活習慣，例如運動、營養攝取、適度休息。」他以健身房事業為原點，並於二〇一二年四月創立FiNC Technologies。他坦言經營健身房，可以向會員銷售機能服飾、營養補給品、提供個人教練服務等，但會員數畢竟有限。若使用 FiNC這個生活保健平台的話，就能提供有益更多人健康的服務。

FiNC 的具體服務還有專注於個人飲食管理的「減重家庭教師」、提供健身房訓練及搭配的營養管理的「我的私人健身房」等。在已取得豐沛資金的情況下，FiNC做為大型健康管理平台，將持續進化。

072

推想科技

醫療影像AI解析

中國

企業價值

透過AI解析醫療影像，大幅降低癌症誤診

利用AI的深度學習技術即刻解析是否為癌症，將誤診機率降至〇・一%。

將如此劃時代的技術實用化的是中國醫療新創——推想科技（Infervision）。開發供醫師使用的AI醫療影像診斷系統，特色是能大幅提升癌症診斷的效率與準確度。例如以往需要花十分鐘左右的醫療影像診斷及報告編製，現在可縮短至五秒。而在中國已有三百個以上醫療機構採用。

目前廣泛應用在肺癌診斷上

推想科技的系統中，AI能自動解析醫療影像，對肺部疑似異常的部位進行確認，並顯示該異常部位的尺寸及位置等。醫師的診斷結果也會反饋回系統，精確度

便能逐步提升。

推想科技創立於二〇一五年，創辦人兼執行長陳寬在美國芝加哥大學留學時期，曾思考過運用AI深度學習可以讓醫療影像診斷更有效率，這促成了事業的開端。

這位擁有美國留學經驗且年輕優秀的軟體技術工程師，雇用了約一百位員工加速了研發的腳步，讓AI醫療影像診斷系統實用化。

推想科技的系統也開始為日本醫療機構採用。據說醫療法人社團CVIC等數家醫療機構已經引進，而除了日本以外，也在美國及德國設立據點，進一步拓展事業。

能發現醫師容易忽略的微小病灶

運用AI的醫療影像診斷技術很可能普及全球。例如肺癌，對於醫師肉眼不易察覺的六釐米以下小「結節」，就能利用AI診斷系統良好的發現能力，而同樣的技術可以應用在各式各樣的影像診斷上。

根據推想科技表示，骨折、氣胸、出血性腦中風等診斷也能使用該公司的技術進行。AI與影像診斷的結合，將能探索出更多新醫療的可能性。

073

Healthy.io

居家尿液檢查

運用AI居家尿液檢查，預防腎臟病

以色列

企業價值

美國成人每三人就有一人曝露在慢性腎臟病的風險中。要了解是否出現腎臟功能問題，尿液檢查是診斷過程中不可少的，但一般會接受檢查的人不到三成。

女性容易罹患的尿道感染也能透過尿液檢查發現；而對懷孕女性而言，尿液檢查能幫助更早發現懷孕過程中可能產生的併發症。

用手機相機及專用試紙輕鬆檢查

以色列的新創公司Healthy.io，透過智慧型手機搭載的相機及專用試紙，尿液檢查在家就能自行完成。

方法非常簡單，首先將該公司獨家開發的棒狀試紙放入尿杯中的尿液。接著試紙表面十個感應區塊的顏色會產生變化，再用手機將其拍下來，就能得知慢性腎臟病、懷孕相關併發症的風險。

尿液檢查結果會自動發送到使用者平常就診的家庭醫院。不必特地跑一趟大型醫院就能確認身體有無異常狀況，更新的資訊也會被記錄於患者的電子病歷表。

雖然因為智慧型手機搭載的相機種類、照明條件不同，一般會有是否能正確判讀顏色變化的疑問，但Healthy.io活用了AI技術，透過電腦視覺演算法及透過手機拍照就能校正，得以正確判讀。

與醫療機構的檢查具備同等精確度的尿液檢查，除了獲得美國食品藥品監督管理局認證，也取得了表示符合所有歐盟會員國標準的「CE標誌」。

Healthy.io的創辦人兼執行長約納坦・阿迪里（Yonatan Adiri）十四歲起就進入以色列開放大學，十八歲取得國際關係學位，隨後又於特拉維夫大學取得政治學與法律學碩士。

以色列總統的首任CTO

二〇〇八年到二〇一一年，在當時的以色列總統希蒙．裴瑞斯（Shimon Peres）麾下，擔任以色列總統的首任技術長。阿迪里在二十五歲左右立下技術外交的戰略案，在航太、農業、生物科技等領域，致力於增加以色列的技術輸出。

在二〇〇九年，參與了總公司位於美國舊金山的車輛共享新創公司Getaround創業後，於二〇一三年創辦了Healthy.io。這位早慧的天才，將結合科技應用，在醫療領域掀起一場新革命。

074 Moderna Therapeutics

抗癌劑 — 美國 — 企業價值72億美元

從患者自體產生的「癌症治療藥」

當不幸罹癌、開始使用抗癌劑治療時，除了可能效果不彰，還苦於噁心想吐、食欲不振、手腳痲痺、掉髮等副作用。許多癌症患者都飽受折磨。

什麼才是理想的癌症治療法呢？就是精準對付癌細胞，將其摧毀並儘可能將副作用降到最低的治療方式。開發如此夢幻般技術的，是總部位於美國波士頓近郊的Moderna Therapeutics。

Moderna所開發的技術原理，是根據來自DNA的轉錄訊息，利用合成蛋白質的「messenger RNA（mRNA）」，讓人體細胞在體內產生「藥物」。

這個技術能將人工合成、破壞癌細胞的蛋白質，並傳送到體內所需部位。由於能精準攻擊癌細胞，預期較以往的治療法不僅副作用少，效果也更好。

該技術也提供不同患者的客製化治療藥品。先從癌症患者的腫瘤組織及血液取出檢體，再以電腦技術解析、發現引起癌症的病變為何。

從這些數據，可以預測出能有效攻擊腫瘤的數十種蛋白質。再將其與mRNA的藥結合。製造過程大半都採自動化處理，人類幾乎不需插手。

二〇一六年，Moderna與德國藥品大廠默克（Merck）合作開發「個別化癌症疫苗」，獲得兩億美元的預付款。兩間公司於二〇一八年續約，持續邁向實用化的準備工作。不斷進行臨床實驗，以驗證效果及安全性。Moderna也與英國製藥公司阿斯特捷利康（AstraZeneca）合作開發癌症治療藥品，是醫藥品業界關注的對象。

致力於傳染病的預防及血管疾病、腎臟疾病的治療

Moderna製藥技術活躍的領域，當然不侷限於癌症治療。在預防及治療病毒性、細菌性、寄生蟲性傳染病的疫苗、血管疾病及腎臟疾病的治療用藥方面，也與製藥大廠攜手合作。據Moderna表示，目前就有二十個與製藥相關的研發項目正在進行中。

不僅如此，美國國防高等研究計劃署（DARPA）也為了對抗傳染病及生化武器的製藥技術研發，給予Moderna兩千四百六十萬美元的贊助款。

Moderna的技術潛藏了從根本改變醫療樣貌的可能性。

Retail/
Food Delivery/
Food

第 13 章 零售・食物外送・食品

075

戶戶送 Deliveroo

食物外送

英國

企業價值20億美元

歐洲第一的「食物外送」

只要用智慧型手機下訂，三十分鐘內熱騰騰的餐廳料理就會送上門——以這樣的外送服務成長為歐洲第一的，就是總部位於英國倫敦的戶戶送（Deliveroo）。

經由手機APP及網站，就享有從各式各樣的餐廳配送食物到家的服務，配送時間平均在三十分鐘以內，非常迅速。在接單餐廳附近的外送員，利用腳踏車等交通工具配送，然後向餐廳收取手續費、向顧客收取外送費，是其營運模式。

戶戶送是二〇一三年由台裔美國人許子祥（Will Shu）創辦。許子祥在二〇一二年取得美國西北大學MBA（企業管理碩士）後，任職於美國投資銀行摩根士丹利倫敦辦公室。某天，當他加班至深夜時、發現提供食物外送服務的業者寥寥無幾，對此感到十分不方便。

於是他創辦了戶戶送。沒多久就靠著好口碑，業務迅速擴大，進軍法國巴黎、德國柏林、愛爾蘭都柏林等。目前以歐洲為中心，拓展至世界各地，如新加坡、阿拉伯聯合大公國、香港等，在十四個國家五百個以上城市展開事業。

Deliveroo的服務也持續進化中。二〇一七年十一月起，針對英國的顧客，只要月繳十一．四九英鎊（約新台幣四百六十元），就享有無次數限制、免費配送的「吃到飽」服務。企圖吸引重度使用者不斷回訪，進一步擴大收益。

推動「虛擬品牌」的發展

不僅做傳統的實體店面生意，也推廣新型態的「虛

在倫敦市街穿梭的戶戶送外送員。

擬品牌」。當某地區潛在顧客多、卻沒有合作的外送店家時，就在該區域設置廚房空間，然後招攬店家進駐，菜單管理及人員雇用都由店家決定。從店家的角度來看，不必支付大型空間高昂的租金，大幅降低了開店的門檻。

其最大的對手是美國的食物外送服務「Uber Eats」。與戶戶送採取同樣的模式，正在擴大全球市場。外送服務新創者與共乘服務龍頭間的競爭趨於白熱化。

076

上海拉扎斯信息科技

食物外送

中國

企業價值60億美元

獨霸中國「外送服務」市場

「餓了麼」食物外送服務正在中國引發熱潮。它是由中國大型電商阿里巴巴集團的子公司所經營。

從手機APP上選擇餐廳訂餐後，就能送到自家、學校或辦公室來。並擴大服務項目至超市或便利商店的商品、星巴克的咖啡、藥品等，成長為「代購服務業」。

「餓了麼」是二〇〇九年，由取得上海交通大學碩士的張旭豪創辦。當時的中國幾乎沒有食物外送的服務，都是跟餐廳訂餐後再自行外帶。對忙碌的理科研究生來說，要跑一趟餐廳去買飯很麻煩，於是張旭豪有了食物外送服務的構想。跟研究所的朋友們討論起這件事，彼此反應熱烈，便決定創業了。

從大學開始普及的食物外送服務

軟體技術工程師也加入團隊，開發出透過網路將訂單傳送到餐廳端的系統。最初智慧型手機尚未普及時，服務僅限於擁有筆記型電腦的學生。在上海交通大學獲得的好評也傳到別的大學後，很快地業務便擴大到各個大學院校。

二〇一〇年後，智慧型手機在中國也迅速普及，張旭豪創立了上海拉扎斯信息科技，標榜針對一般消費者食物外送。北京、蘇州、哈爾濱、南京、深圳等，迅速增加提供服務的城市。中國電子支付的普及促進需求迅速擴大，用戶大幅增加。

收購對手企業

獲得阿里巴巴集團的資金挹注，於二〇一七年收購了競爭對手中國搜尋引擎龍頭——百度旗下的「百度外賣」，握有中國外送市場近四成的市佔率。並擁有五千萬名的每月活躍使用者，涵蓋高達兩千個以上城市及一百三十萬間餐廳。

在二〇一八年成為阿里巴巴集團百分之百持股子公司的餓了麼，迫切前往下一個新事業的挑戰。除了推出針對銀髮族的食物外送，也在二〇一八年開始進行高齡者看護服務。更進一步在上海實驗無人機送餐，也開發外送機器人「萬小餓」。

中國的食物外送市場持續迅速成長，競爭相當激烈，餓了麼的營收雖然增長，獲利面也有尚待克服的課題。抓緊了大眾的胃，能否也順利抓緊利潤，正考驗著經營者的智慧。

077

Instacart

食材代購

食材代購服務

美國

企業價值76億美元

在美國，併購了高級超市——全食超市（Whole Foods Market）的亞馬遜與沃爾瑪之間的食材網路宅配戰趨於白熱化，但有一家食材宅配服務業者趁隙崛起，逐漸闖出了名號。

那就是總公司位於矽谷的Instacart。它的賣點在於速度，最快能在一小時內送達（視地區別有所差異）。除了與全美最大食品超市克羅格（Kroger）聯手，好市多（Costco）及衛格門（Wegmans）等知名超市也是其合作夥伴。

想要購買來自全食或沃爾瑪以外多家超市商品的消費者當然很多。因此，能在各家超市代購食材並配送的Instacart廣受支持。

以紐約曼哈頓為例，只要支付一年九十九美元（約新台幣三千元）的會費、單次購物滿三十五美元（約新台幣一千元）以上就免運費。也可以選擇按次計費，但兩小時的宅配運費就要花近新台幣二百二十元。

由一般民眾在有空時進行代購

在Instacart擔任代購任務的，是利用自己時間空檔執行、被稱為「Shopper（代購者）」的一般民眾。顧客在手機應用程式下單後，人在附近的代購者就會到店採買，再以自用車配送。利用軟體技術，媒合最適當的代購者，Instacart實現了短時間配送的構想。Instacart是在二〇一二年由亞馬遜的前技術工程師阿伯娃・梅塔

Instacart是由一般民眾代為購買並配送到家。

（Apoorva Mehta）執行長創立。最初是以宅配全食超市的食材日趨壯大，其後合作對象進一步擴大範圍至其他食品超市。

隨著二〇一七年全食超市被亞馬遜併購，其與Instacart的合作關係也告終止。不過阿伯娃．梅塔表示，「我們還有跟全食超市以外的多家超市合作，所以對於Instacart的經營不會構成問題。」

078

美團點評 Meituan-Dianping

評價網與外送服務 ── 中國 ── 企業價值348億美元

目標十四億人胃袋的平台

以中國網路企業之姿、具壓倒性地位的美團點評，是在二〇一五年由中國最大的餐飲生活情報評價網「大眾點評」與外送服務「美團」合併而來。二〇一八年也收購了單車共享服務「摩拜單車（Mobike）」，拓展事業。

主力項目是以手機APP訂餐的外送服務。也是「餓了麼」最強勁的競爭對手。

二〇一八年美團的外送服務接單數比上一年度增加了五十六%，達到六十四億次。加強人手不足的清晨與深夜時段服務的策略奏效，順利推動成長。

外送部門一天的平均接單數為兩千四百萬件，使用人次達三億人。平台上的餐廳數達三百六十萬間，外送員超過五十萬名。

但業績面也有問題待解決。二〇一八年度決算營業額較上年同期比增加九十二%，為六百五十二億人民幣（約新台幣兩千八百億元）。雖然顯示主力的外送服務成長了八成以上，但單車共享業績不振，赤字大幅增加。美團二〇一八年九月於香港證券交易所上市，但因業績上的疑慮，其後股價低迷。二〇一九年三月的市價總額為三百四十八億美元（約新台幣一兆元），與上市時相比水準大幅下降。

將股票上市所得資金投入宣傳

即使如此，美團還是活用了因股票上市取得的資金，強化外送服務。展開大規模的宣傳，也包含對餐廳後場的數位化支援。此外，也加速擴大餐飲以外的配送事業。尤其將目標放在生鮮食品方面，提供接單後三十分鐘以內送達的服務，配送項目也擴大到服飾、花材等。美團雖然做為食物外送平台的形象強烈，但已在多樣的服務領域展開事業，例如關於旅行訂飯店、預約美容沙龍、電影或戲劇訂票等，都是代表性的例子。若能提升虧損事業的效率、善用綜合多方面的能力，美團做為世界最大的餐飲與生活資訊平台，還有很大的成長空間。

079

Snapdeal

虛擬商城 — 印度 — 企業價值65億美元

從谷底東山再起的印度線上商城

經營印度最大線上商城「Snapdeal.com」的就是Snapdeal。總公司設於印度的新德里，擁有三十萬以上賣家、六千萬以上商品，在六千個以上城鎮提供服務。

庫勒爾．巴爾（Kunal Bahl）執行長與羅伊特．班薩爾（Rohit Bansal）營運長在二〇一〇年共同創辦了Snapdeal。最初是提供折價券的網站，後來轉型為線上商城。Snapdeal會製作教學指南，指導首次接觸線上銷售的業者，例如包裝商品的方式、補貨時機等，藉此增加進駐平台的企業數量。

此外，更陸續收購團購網、線上運動用品零售商、手工藝品線上商店、比價網等，逐步擴張事業版圖。Snapdeal在短時間內便長成為該國最大的線上商城。

但是，在二〇一六年時，該公司面臨危機。由於在收購策略上過於莽撞，雖然營業額增加，但赤字也居高不下。當時曾有報導指出Snapdeal跟對手——印度大型電商Flipkart合併的可能性。二〇一七年，雖然外界認為兩家公司朝合併的方向邁進，但在Snapdeal股東的反對下，合併計畫最終告吹。

於此同時，巴爾與班薩爾為了讓Snapdeal復甦而四處奔走。推出名為「Snapdeal 2.0」的重建計畫，也加速出售電子支付企業與物流企業等非核心事業，並果斷進行人員裁撤。

集中火力於本業線上商城

另一方面，將經營資源集中於主力的線上商城事業，強化合作店鋪與齊全的品項。並在辦公室牆上張貼目標完成進度、表揚優秀員工等來提振士氣，執行組織變革。伴隨著疼痛的改革終究有了成果。Snapdeal的營收增加了，手續費收入也成長，原本赤字的現金流量也成功轉為黑字。克服了挫折，重新找回氣勢的Snapdeal將要絕地大反攻。

080

支撐便利商店、外食產業的「飲食界英特爾」

Ariake Japan

調味料 — 日本 — 企業價值2162億日圓

「Ariake Japan」這個企業名稱，幾乎未曾在日本消費者的眼前出現過，因為它是針對企業提供豚骨、雞骨、牛骨等，做為原料用之畜產類天然調味料的幕後業者。在鮮少的情況下，只會在零售商的自有品牌上頭，發現它做為食品製造者的小字名列其中。

不過，身為便利商店的便當與配菜、中西式連鎖餐廳、泡麵等加工食品不可或缺的角色，在畜產類天然調味料方面約有五成的市佔率。若沒有該公司的產品，很多企業將無法運作，因此又有「飲食界英特爾」的別名。

創立於一九六六年的Ariake Japan，是由二〇一六年六月卸下會長職務、退居特別顧問的岡田甲子男白手起家，主要客戶有超商龍頭7&i控股公司、大型外食連鎖餐廳棲閣屋、大型食品公司日清食品控股等。連名廚喬爾・侯布雄的餐廳也採用該公司的高湯。營業額的構成比例為餐廳佔四成，便利商店等調理外帶食品佔三成多，最後則是加工食品。

全自動化、打造味覺資料庫

這家公司的優勢在於生產體制及行銷面。天然調味料以電腦操控，幾乎全自動生產，只要將顧客想要的風味資訊鍵入電腦，就會自動從雞骨或蔬菜等原料儲放槽中抽取湯汁精華。

創業當時的生產環境，是由人力將原料放入巨大的鍋中，揮汗如雨、一煮就要好幾個小時的嚴苛環境，雖然逐步邁向自動化，但岡田先生想：「不能再這樣下去了。」因此在大約二十年前果斷決定，將生產過程全自動化。以年營業額一百億日圓左右的公司，全額投入打造一百億日圓規模的最先進廠房，以獨有的設計開發設備雖然在當時被認為是衝動投資，但如今不但獲得高度生產效率，也令同業望塵莫及。

外食產業人手不足的問題日益嚴重，店家及中央廚房製作的湯品委託Ariake協助的需求日增。同業之中，沒有一家能像該公司一樣穩定供給高品質的產品，Ariake在這個業界可說是獨挑大樑。

擁有生產體制的優勢之外，也專注傾聽顧客需求以開發業務系統。岡田先生自豪地表示：「無論是什麼口味的湯，我們都能重現美味。」將味覺五大要素之鮮味、甜味、苦味、酸味、鹹味數據化，以不斷累積的龐大資料庫為基礎，各種排列組合的可能性幾乎趨於無限大，確保能製作出顧客想要的味道。

外食產業在超商便當等調理食品的蓬勃發展及人手不足下，面臨逆風。便利商店在日本也已超過五萬家，接近飽和狀態。但岡田先生認為，「企業在愈險峻的狀況下，愈會謀求進貨方面的改善及效率化。如此一來，我們上場的機會就愈來愈多了。」

081

Karma

食品銷售APP

瑞典

企業價值

減少食物浪費的手機APP

全球未經食用便廢棄的食品數量非常龐大，接近世界食材生產量的三分之一、每年有十三億噸的食品浪費。食品廢棄物所導致的年度二氧化碳排放量相當於三百萬輛汽車，造成的經濟損失相當於每年新台幣三十兆元。

向已成為社會問題的「食品廢棄」宣戰的新創公司，是瑞典的Karma。Karma一詞意味著「業障」或「果報」。其企業宗旨可說是為了減少人類因浪費食物而遭受的報應。

Karma所提供的是利用手機APP，將餐廳、咖啡館、小吃店剩下的食物以半價賣給使用者的平台。只要輸入沒賣完及即期食品的照片及價格後上傳，就能在APP平台銷售給一般消費者。登錄新品項到上傳只需三分鐘、已登錄過的品項要重新上架也只需十五秒。

店家跟消費者都滿意的服務

對店家來說，得到一個將賣不出去的即期食品處理掉的機會，對消費者來說則是能便宜購得食品。這樣的架構下，最終就能對食品廢棄減量做出貢獻。

Karma的服務正在歐洲擴大中。在法國巴黎、英國倫敦、瑞典一百五十個城市都能使用，約有兩千間以零售業者及餐飲業者為主的店舖參加、APP用戶數達五十萬人。二〇一八年八月，Karma獲得來自美國創投及瑞典家電製造商伊萊克斯（Electrolux）合計一千兩百萬美元的資金挹注。

在食品廢棄成為全球社會問題的情況下，提供賣方及消費者間雙贏的Karma的存在意義，更顯巨大。

在Karma銷售剩餘食物的餐飲店正在增加。

082

Umitron

養殖技術

日本

企業價值

以IT實現持久穩定的水產養殖

「透過將水產養殖電腦化，就能永續地生產糧食。」抱持這樣經營理念的，是在新加坡及東京設有據點的新創公司Umitron。

隨著全球人口增加及新興國家帶動的經濟發展，動物性蛋白質的需求急速擴大。因土地有限，故要提升肉類的生產量有其難度，而另外一種途徑則是依賴海洋資源的魚類人工養殖。尤其「壽司」在歐美及亞洲都廣受喜愛，對魚類的需求只增不減。做為能提供穩定生產的手段，養殖產業獲得的關注也日漸升高。

但海上養殖比起陸地，要進行數據收集更為困難，新科技的運用也要花費許多時間。於是，Umitron活用來自感測器等物聯網（IoT）技術及人工衛星所得到的數據資訊，開發讓飼育環境透明化、提升投餌及生長效率的技術，以增進水產養殖業的生產效率。

降低佔養殖業成本一半以上的飼料費用

例如Umitron透過分析魚群來改善投餌效率的服務。從二〇一九年起，日本愛媛縣愛南町的養殖場設置了智慧投餌機「UMITRON CELL」，可透過智慧型手機，遠距進行投餌實驗。

遠距管理減輕了現場作業的負擔，也縮短了因天候不良等曝露在危險中的海上作業時間。此外，也能確認海中魚群食欲的變化，避免過度投餌。在飼料費用佔養殖業成本一半以上的情況下，可有效降低成本。

Umitron考量到不僅在日本，全亞洲都有這樣的需求，於是也對印尼的蝦類養殖業等進行實地實驗，並在新加坡設立據點，將目光投向全球市場。

預計在五十年內，世界人口將成長至九十七億人。水產養殖市場也有大幅擴展的可能性。若能活用科技提升養殖業的生產力，Umitron後續發展將大有可為。

日本愛媛縣愛南町開始在養殖場設置智慧投餌機「UMITRON CELL」。

Computer/
Artificial Intelligence

第 14 章 電腦・人工智慧（AI）

083 能辨識人類情感的AI

Affectiva
情感辨識AI

美國

企業價值 —

憤怒、悲傷、喜悅……能捕捉人類表情變化、分析情感的AI正廣受關注。開發此技術的是來自美國麻省理工學院的新創公司Affectiva。

能辨識情感的AI會在什麼情況派上用場呢？Affectiva先是在汽車領域著手，開發有助於交通安全、能夠監視司機狀態的AI。從臉部及聲音即時判斷駕駛人複雜微妙的情感及神智狀態。運用此AI技術，汽車商及零件商就能建構駕駛監視系統。

非全自動駕駛車經常需要在人工操縱與自動駕駛兩種模式切換，此時AI是否能掌握人類的情感與精神狀況，是確保安全駕駛的關鍵。

Affectiva的AI利用車內攝影機及麥克風，除了能辨識人類的欣喜、憤怒、驚訝等表情，還能分析聲調、節奏、音量等，判斷駕駛處於何種狀態。例如在判斷駕駛是否有睡意，會透過閉眼、打呵欠及眨眼頻率是否增加來測知。

這些數據並非送至雲端解析，而是當場處理，故能進行迅速的資訊分析。

解析全球八十七國、六百五十萬張臉孔

Affectiva為了開發能辨識情感的AI，解析了全球八十七國、六百五十萬張臉孔表情的影片。以涵蓋各年齡層、種族、性別等龐大的資料庫為基礎，達成高度的情感辨識。另外，也開發名為「Affdex」的AI，能測知消費者對影像、廣告、電視節目等產生的情緒反應。將廣告影片等數位內容與消費者的情緒加以分析，就能製作出更有效果的廣告，促成實際購買行動。

例如，美國CBS電視台便採用了Affectiva的AI。經由網路攝影機，收集兩百位以上觀眾的表情變化，來分析他們對六十分鐘電視劇的情緒反應。從中辨識出具衝擊性的場面，運用於電視宣傳。這對於製作扣人心弦、讓觀眾感到有趣的劇情很有幫助。

廣告影片平台eBuzzing為了找出什麼內容最能引起觀眾強烈反應，利用Affectiva的AI，以鏡頭捕捉兩千六百位觀眾、對Youtube四十支廣告影片的臉部表情，分析其情緒反應與社群網站分享之間的關係。

結果發現，「比起一般廣告，感性的廣告被分享的可能性多出四倍」、「讓人露出笑容的廣告影片，跟其他影片比起來，在Youtube上點閱數破千萬次的可能性多出五倍。」這樣的傾向。

能判讀人類情感的AI，不只能運用在自動駕駛技術的開發上，在企業的行銷戰略上也能大展所長。

084

D-Wave Systems

量子電腦 — 加拿大 — 企業價值 —

以量子電腦打破常識

二〇一九年，加拿大新創公司D-Wave Systems的量子電腦首度在日本開賣。

東京工業大學與東北大學設立了共同研究中心，預計讓多家民間企業參與並負擔使用費。以往都是經由雲端來利用位於北美的機器，日本企業徹底運用量子電腦的時代終於來臨。

量子電腦在二〇一八年面臨了巨大的轉捩點。「過去幾個月間軟體有了長足的進步。二〇一八年內可望照約定實現『量子優越性』，對此我非常樂觀。」從二〇一三年起帶領美國谷歌「量子人工智慧實驗室」的學者哈特穆特・尼文（Hartmut Neven）表示。

如果事實真是如此，那麼谷歌已取得了今後超級電腦無論如何進化都無法達成的性能技術——這就是「量子優越性」的涵義。超級電腦花上幾百年也解不開的問題，一瞬間就能解答。可說是踏入了「神的領域」。

量子電腦是使用微觀世界中的物理法則「量子力學」來計算的機器。利用「0」、「1」兩者能同時存在的「量子位元」完成龐大的數字計算。增加量子位元，計算能力也會呈指數成長。例如九量子位元能將五百一十二位元（二的九次方）、二十量子位元能將約一百萬位元（二的二十次方）瞬間計算完成。

專家間認為一旦量子位元超過五十，即達成量子優越性。谷歌於二〇一八年三月發表的量子處理器「狐尾松（Bristlecone）」之量子位元為七十二個。尼文表示將透過各式各樣的實驗，向大眾證實量子優越性。

量子電腦長久以來一直被視為夢幻技術。雖然在一九八一年就被預言實現的可能性，但因現實中找不到增加量子位元的方法，遲遲未成。由於量子位元非常容易出錯，若要獲得正確的計算結果，需要數百萬個量子位元不可。一般公認要花上數十年的開發期間及以兆元計算的龐大費用，實用化至少要等到二〇五〇年。

然而，D-Wave顛覆了這個常識。二〇一一年，跟過去概念迥異的量子電腦在世界首度商用化，二〇一五年，其處理速度經驗證為傳統電腦的一億倍。就像光速（時速十億八千萬公里）與人類跑步速度（時速十公里）的差別。另一方面，消耗電力為十五千瓦（kW），大約只有世界最快超級電腦高峰（Summit）的五百分之

D-Wave的量子電腦與半導體迴路。

一。

二〇一九年二月，D-Wave公開了下一代量子電腦的規格。量子位元數從兩千增至五千個以上，量子位元間的聯結數也從六個增至十五個以上，運算能力有望大幅提升。

085 Magic Leap

可穿戴式電腦 ― 美國 ― 企業價值63億美元

摘下混合實境神秘面紗的新創公司

商品還沒開始發售，卻已募得二十三億美元的混合實境（MR）新創公司，就是總部設在美國佛羅里達州的Magic Leap。二〇一〇年創立便引發話題不斷，但在商品開發上卻花了很長的時間，終於在二〇一八年八月推出頭戴式顯示器（HMD）形式的混合實境穿戴式電腦「Magic Leap One」。雖然有部分消費者表示「期望過高，不如預期」，但在支付兩千兩百九十五美元（約新台幣七萬元）購入正式版的玩家之間，持肯定意見的仍居多數。

「好像身處另一個世界」

「感覺自己好像真的身在另一個世界！」也有玩家如此評價。利用Magic Leap的裝置體驗混合實境遊戲，享受完全沉浸在遊戲中的臨場感。

例如原本只在電影「星際大戰八部曲：最後的絕地武士」中登場的角色，如今就像真實存在般在眼前走動、談笑，玩家彷彿成了那個世界的一份子。

尤其來自VR & MR遊戲開發者的意見皆為正面評價。「裝置的處理能力佳，內容製作上的自由度很高。」在Magic Leap One的競品——微軟公司的「HoloLens」上，因為硬體的限制，必須減少3D模型的多邊形面數或減少資訊量，放在Magic Leap的裝置

戴上Magic Leap One，現實空間就會變成異世界（上方為遊戲畫面示意圖）。

上就沒有這樣的問題。

混合實境不僅限於遊戲，在商場上也潛藏巨大的可能性。像是為了能在現場實地操作而安排的研習課程，即使學習者身在遠方，也能有如臨現場的體驗；或是還在開發階段車輛，能虛構出實體影像出現在眼前，再對設計加以評估等。

微軟公司的HoloLens雖然已被製造業等運用在商業領域，但在能實現更高性能產品的Magic Leap加入後，市場可望更加熱絡。有如莊周夢蝶般，世界的現實與虛幻界線不再明確。

086 曠視科技 Megvii

臉部辨識技術

中國

企業價值35億美元

能分辨雙胞胎，臉部辨識技術的佼佼者

「即使是雙胞胎兄弟也能正確分辨其臉部的不同之處。」運用AI、擁有如此高度臉部辨識技術的新創公司，就是中國的曠視科技。

曠視科技所開發的「Face++」技術陸續被中國大型IT企業採用。例如中國阿里巴巴集團的金融子公司螞蟻金服（Ant Financial）便用於行動支付的「支付寶」中；中國配車服務龍頭「滴滴出行」也用於辨認是否為駕駛本人等，技術能力頗受好評。

讓曠視科技的臉部辨識技術更上一層樓的，是中國政府。中國政府透過分析遍布全國一億七千萬台以上的監視攝影器影像，來監視個人行動。中國公安警察的巡邏車便搭載了曠視科技的臉部辨識技術，將顯示於鏡頭中的人臉以AI解析，能自動偵測半徑六十公尺範圍內的嫌疑犯。

當然，利用臉部辨識技術來進行個人監視，在美國、西歐、日本等國家尚未被接受，但在中國是合法的。曠視科技有了政府背書，能運用AI分析大量個資、精進其臉部辨識技術，利用於保全、支付等領域，以及出勤管理、入出國境、智慧型手機的登入手續等，臉部辨識技術的市場預計將持續成長。

投資AI機器人及物流系統

二〇一九年一月，曠視科技宣布為了開發AI機器人及物流系統等，投入約三億美元（約新台幣九十億元）的投資，也已著手進行收購機器人新創公司的計畫。

曠視科技是二〇一一年由來自中國清華大學的印奇執行長及唐文斌技術長所創辦。當初是為了校內比賽，開發了運用臉部辨識技術的遊戲。遊戲大受歡迎後，也成功募得了資金，開始正式進行臉部辨識AI技術的開發工作。

二〇一四年在全球臉部辨識技術評價系統的測試中，曠視科技的AI辨識精確度拿下世界第一，瞬間聲名大噪。不僅限於眼、口、鼻等部位，而是能對高達八十三個臉部特徵進行解析，達成高精準度的臉部辨識。

在中國政府的支持下，曠視科技將做為全球臉部辨識AI的領頭羊，衝得更遠。

087

光禾感知科技 Osense Technology

電腦視覺 — 台灣 — 企業價值 —

從手機攝影鏡頭定位

利用智慧型手機的相機，即使沒有GPS信號，也能找到在室內空間所處的位置，例如在購物中心、航站、機場內即時導航。因為擁有如此技術而廣受矚目的台灣新創公司，就是光禾感知科技。

該公司的室內定位技術「VBIP」的特色，是利用AI及雲端運算，不需要Wi-Fi機器或藍芽信標*，就能對空間加以掌握、辨識。

光禾感知科技的優勢在於「電腦視覺（Computer Vision）」，也就是讓電腦理解數位影像及影片為何的技術。利用影像處理及空間位置演算法、AI機器學習演算法等技術，解析攝影機拍攝到的圖像或影片，是一門模擬人類對周遭環境之視覺辨識系統的技術。

將室內導航引進泰國

光禾感知科技已與泰國大眾運輸系統BTS合作，在曼谷三十六個車站中提供站內導航及AR廣告功能，並在日本東京設立了VBIP JAPAN公司，持續開拓市場。

VBIP JAPAN目標設定在能將室內導航應用於大型車站如東京、新宿、澀谷車站等，以及成田、羽田等大型機場、國際會場如東京國際展覽中心、幕張展覽館、東京奧運會場的室內導引服務。此外，也納入建築工程管理領域的應用，例如將工程現場管線可視化，以提高施工效能。

* 藍芽信標（Bluetooth beacon）：一種能感知裝置位置，並對裝置發送訊息的低功耗藍芽技術。

088

Palantir Technologies

大數據分析

美國

企業價值410億美元

美國中情局也尋求其協助的大數據分析巨人

這是一家委託人遍及美國中央情報局（CIA）、聯邦調查局（FBI）、證券交易委員會（SEC）到空軍、海軍部隊的謎樣大數據分析新創公司。

總部位於美國矽谷的Palantir Technologies，「Palantir」是托爾金的小說《魔戒》中能看透一切的水晶球。傳聞該公司對曾經逃亡十年、九一一事件主謀奧薩瑪．賓拉登的搜索行動也有貢獻。

Palantir的強項是擁有能將電子郵件、文書、圖像、聲音、影片等非結構化資料加以整合分析的「Gotham」軟體，能比較簡易地實行以往需要多位高度專業人士、花費大量時間與龐雜手續完成的大數據分析工作。

能夠分析難解、異於Excel等以檔案存取的結構化資訊，是因為採用了能將資訊的定義變得有彈性、名為「動態本體（Dynamic Ontology）」的技術。

例如「部長」、「社長」這樣的詞彙，除了做為一般的名詞使用外，在特定範圍也指擔任該職務的某位特定人士。「地名」也有這樣的多重指涉現象。

Gotham可以輕易變更這些用語的定義，在短時間內收集、解析使用者希望知道的資訊。據說只要數週，就能完成以前要花上數年的資訊解析作業。

PayPal創辦人與哲學家的組合

Palantir是於二〇〇三年由美國電子支付龍頭PayPal的創辦人彼得・蒂爾（Peter Thiel）所創。最初是二〇〇一年發生的九一一恐怖攻擊事件引發了他的構想：可將PayPal用於非法線上匯款偵測系統的軟體技術，運用在防止恐怖組織的資金流通。

蒂爾找來了過去在美國史丹佛大學時代的友人，也是一位哲學學者的艾利克斯・卡爾普（Alex Karp）擔任執行長，共同創業。當初在募集資金上吃了不少苦頭，直到獲得CIA創投基金，事業才正式上軌道。

二〇〇九年，在針對以中國為據點的網路間諜系統「鬼網」的調查中，Palantir的軟體技術表現可圈可點，廣受關注。除了因網路普及下、認識到資訊戰及網路搜查重要性的美國政府各機關，也獲得不少民間企業客戶。

從金融到醫藥品、飛機，客群擴大

Palantir也與大型金融資訊企業美國湯森路透（Thomson Reuters）及德國大藥廠默克（Merck）合作。歐盟的飛機製造商——空中巴士公司（AIRBUS）也是其顧客。Palantir對於不法偵測的技能與知識受到國際性企業高度的評價。

二〇一八年秋天，美國媒體報導了Palantir將於二〇一九年首度公開發行新股。高達兩百億美元的預估市值，隨公開時程不同，最高上看四百一十億美元（約新台幣一兆二千億元）。這位作風向來低調的數據解析巨人，終於要脫下神祕的面紗。

089

QC Ware

量子電腦用軟體

美國

企業價值

開發量子電腦用軟體，NASA也是客戶

正著手開發可望為IT業界帶來戲劇性改變的「量子電腦」用軟體，是總部位於美國矽谷的新創公司——QC Ware。

量子電腦的構想與現在主流之「0」與「1」數位方式的電腦有根本性的差異，詳情可參照前述量子電腦製造商D-Wave的報導（第252頁），不過另外也有分為「量子門（Quantum gate）」、「量子退火（Quantum annealing）」等不同技術的硬體。

在使用量子電腦時，軟體當然是不可或缺的。QC Ware便是看中了這一點。許多軟體技術工程師使用的是Python、Java、C++等程式語言，QC Ware的工作就是利用熟悉的程式語言，開發出能製作量子電腦用軟體的工具。

QC Ware是二〇一四年由前美國空軍電腦工程師馬特・強生（Matt Johnson）所

創。強生於退役後取得賓州大學華頓商學院MBA，據說當初在考慮創業時，被建議可朝量子電腦領域發展。

就在此時，美國太空總署及谷歌於二〇一三年設立了「量子人工智慧實驗室」。實驗室希望研究有助於量子運算的AI等軟體技術，但幾乎沒有能配合的軟體公司。

從NASA到IBM、AIRBUS客群擴大

於是強生召集了一批精於量子演算法與量子工學的專家，創辦了量子電腦用軟體公司QC Ware。最初主要客戶為NASA及美國大學太空研究協會（URSA），但之後陸續增加合作夥伴，包括美國國家科學基金會（NSF）、D-Wave、美國IBM及美國投資銀行高盛等，歐盟的大型飛機製造商（AIRBUS）也出資。

看好量子運算在商務方面的發展，與美國空軍研究實驗室、IBM、微軟、谷歌等贊助商組成聯盟，透過增加合作夥伴，拓展量子運算的應用範圍。

Space Development

第 15 章　太空探索

090 目標以大型火箭登陸月球的亞馬遜執行長

Blue Origin

太空探索

美國

企業價值 —

為何當代數一數二的新創經營者會懷抱著太空夢呢？美國亞馬遜執行長傑夫．貝佐斯（Jeff Bezos）也對太空火箭的開發不遺餘力。他創辦了名為藍色起源（Blue Origin）的新創公司，自身擔任執行長一職。從太空旅遊到發射衛星，下一步也計畫要登陸月球。

「我們希望建造太空殖民地，實現宇宙殖民。」二〇一九年五月，貝佐斯召開記者會時如此強調，並發表開發中的登月太空船「藍月」（Blue Moon）模型。這艘太空船不只能載太空人，一次最多還能將四台月球探測車送上太空，並可載運高達六．五噸的物資。

美國總統川普發表了「在二〇二四年前要再次將美國太空人送上月球」的計畫。藍月便有意角逐計畫中執行任務的太空船。

貝佐斯正一步步執行他的宇宙開發計畫，首先是實現短時間飛行於大氣層外宇宙空間的太空旅行服務。為此所開發的火箭是「新謝帕德號（New Shepard）」。它能將六人座的太空艙送達宇宙空間，並體驗十一分鐘的飛行樂趣。

不只太空艙，火箭本體也能回到地上重複使用。目標是降低發射成本，讓太空旅行變便宜。目前已連續多次將回收火箭發射成功，並於二〇一九年十二月順利完成第十二次無人飛行測試，預計二〇二〇年開始進行載人飛行。

傑夫・貝佐斯與火箭「新謝帕德號」。（Blue Origin提供）

也著手進行人工衛星發射服務

下一步是利用大型火箭「新葛倫號（New Glenn）」發射衛星服務。它是直徑七公尺、全長八十二公尺的兩節式火箭，發射能力高達四十五噸，對發射衛星來說很適合。雖預計在二〇二一年前才會完成，但已接到多家企業委託發射通訊衛星等訂單。

新葛倫號能將昂貴的火箭第一節回收，最多可重複使用一百次左右。如此一來，發射成本就能降低，有高度價格競爭力。在新謝帕德號飛行實驗連續成功下，也吸引了不少顧客。

藍色起源正在開發全球最大的三節式新葛倫號，能將探測器送上月球及火星。致力於月球探測船開發的貝佐斯，不僅在零售業，也為太空新時代開創新局。

091

Infostellar

衛星天線共享

日本

企業價值28億日圓

人造衛星天線通訊共享平台

雖然美國的太空探索科技公司（Space X）與藍色起源（Blue Origin）的可重複使用火箭技術廣受矚目，發射衛星成本也可望大幅下降，同時也浮現了必須克服的課題，那就是太空與地面間的通訊容量（Capacity）太小。

因為發射成本變得較便宜，預計飛行高度四百公尺～一千公尺的低軌道小型衛星數量將會增加。但是，與這些衛星通訊的多數地上天線，大多時候都處於閒置的狀態，因為只有當自己的衛星飛過其對應的天線上空時才能使用。Infostellar看準了這點，目標將屬於各個企業、大學等組織所有的眾多天線共享、打造一個太空與地面間有效率的通訊平台服務。

降低太空與地面間的通訊成本

若能降低太空與地面間的通訊成本，新創公司的商機將會飛躍性地擴展，並加速太空產業的成長。創辦Infostellar的是來自日本的倉原直美執行長，她於九州工業大學研究所專研人造衛星的環境測量裝置，二〇一〇年取得博士學位。以研究人員身分參加國際計畫的過程中，曾參與架設世界各地大學的天線共享網路，這也成為她創業的原點。

倉原直美擔任過東京大學的特任研究員，擔任小型衛星地面系統的開發工作。二〇一三年更任職於美國專營衛星地面系統的Integral Systems日本子公司。

獲得空中巴士（AIRBUS）與索尼（SONY）創投基金的挹注

她在該公司的期間，一直醞釀著將全球天線共享的想法。然後在二〇一五年遇見了有IT企業工作背景的石龜一郎營運長，二〇一六年創辦了Infostellar。

二〇一七年獲得來自歐洲大型航太企業空中巴士及索尼創投基金共八億日圓的

資金，正式展開事業。雖然Infostellar要讓事業成功發展，仍得面臨不少考驗，因為向全世界的企業及組織提議、尋找願意協助天線共享的夥伴，要花上許多工夫。但在太空商務的新時代揭開序幕之際，Infostellar的概念藏有巨大的發展可能性。

092 從外太空找出原油儲藏量與店鋪來客數的真相

Orbital Insight

衛星影像解析 — 美國 — 企業價值 —

將人造衛星拍攝的地面影像，利用AI機器學習加以解析，便能詳細掌握各種經濟活動的情形——以如此技術傲視群雄的，就是來自美國矽谷的新創公司Orbital Insight。其資訊解析能力非常驚人。例如世界最大的產油國——沙烏地阿拉伯的原油儲藏量實際狀況。二〇一七年十一月，英國金融時報披露，沙烏地阿拉伯實際上的原油儲藏量遠遠超過該國政府公布的數字。

提供該報導資訊根據的就是Orbital Insight。該公司運用AI解析人造衛星所拍攝、全球兩萬四千個以上儲油槽的「浮動屋頂」影像。儲油槽的屋頂不是固定式的，而是浮動在原油上方。因此，只要從上方觀察儲油槽，從油槽壁面陰影面積大小可推測浮動屋頂的高度，進而得知儲油槽的殘量。

該公司以機器學習為基礎，開發能透過儲油槽陰影面積算出殘量的影像分析引擎。將儲油槽存量按月及按週頻繁地計測，透過這個解析技術，得以揭發沙烏地阿拉伯的原油儲藏量與政府發表數據的差距。

也對超市的來客數與農作物的生長狀況進行解析

Orbital Insight從解析衛星照片獲得的資訊遍及各個領域。例如購物中心及超市的來客數。解析停車場中的車輛數等資訊，就能預測來店客數。據說Orbital Insight在全美二十六萬間零售商店鋪及五千六百處的購物中心停車場進行定點觀測。除此之外，也有住宅的動工件數、農作物的生長狀況等，資訊解析的對象五花八門。

這樣的資訊對投資人來說十分受用，若能在企業及政府機關將統計數字正式發布前掌握經濟動向，就能先一步判斷投資標的；事實上，已經也有避險基金成了Orbital Insight的客戶。Orbital Insight也於二〇一八年進軍日本。從空中解析地上經濟活動的「神之眼」，即將改變投資的傳統認知。

093

Space BD

太空企業 ── 日本 ── 企業價值 ─

支援太空商務的「太空企業」

二〇一八年，宇宙航空研究開發機構（JAXA）決定將國際太空站釋放超小型衛星的事業項目開放給民間。除了三井物產以外，新創公司Space BD也被選為該項目的負責企業。

JAXA要移交民間企業的是，從離地約四百公尺上空繞行的ISS「希望號」日本實驗艙釋放超小型衛星的事業。超小型衛星的用途廣泛，可應用在如基礎建設及農作物的監看、通訊等，是前景看好的事業。

從ISS釋放超小型衛星的作業，是由美國新創公司透過NASA協助完成，已有釋放一百八十顆的成績。日本至今已由JAXA釋放二十八顆，不過若委託民間企業的話，最多能免去七千六百萬日圓的釋放費用，目標在於創造更大的市場需求。

Space BD創立於二〇一七年九月，當時全職員工僅有四人。董事長永崎將利出身於三井物產，負責鋼鐵產品的貿易與資源開發，跟太空絲毫沒有關係。因為「想自己決定想做的工作」，於二〇一四年九月創立教育相關公司，從事讓中小學生體驗創業的課程設計。會讓永崎將眼光放在太空商務的契機是，「當我在與學生們討論到挑戰精神的過程中，愈發覺得自己也必須迎向更多挑戰才是。」而其選擇挑戰的舞台就是太空。雖然「沒有比這更不賺錢的領域了」，但另一方面，「如果能確立一個架構系統，是很好的事業機會。」永崎如此判斷。

Space BD標榜的是「太空企業」，代客戶執行與發射衛星相關的技術調整與安全審查。也包括所需太空機器的調度作業，協助企業人士減輕負擔。

「麻煩事就交給我們」

永崎並向美日航太相關企業及大學等喊話：「麻煩事就交給我們！」二〇一八年四月，獲得東京大學的超小型衛星發射業務委託。而這一次，決定從JAXA手中接下釋放衛星事業。Space BD也已經找到能將衛星從製作到釋放費用控制在一千五百萬日圓（約新台幣四百一十萬元）左右的企業夥伴。雖然今後必須與自己的老東家——三井物產搶客戶，但永崎展現出雄心壯志：「我們是沒有包袱的新創公司，勇於挑戰、無懼失敗。」

JAXA繼超小型衛星釋放事業後，也打算將「希望號」實驗設備的營運事業交由民間打理。永崎對該事業也相當關注。今後日本若有愈來愈多像永崎這樣積極的創業家，宇宙產業的版圖將能一口氣大幅擴張吧！

094

太空探索科技公司 SpaceX

太空探索 — 美國 — 企業價值305億美元

特斯拉執行長也想邁向太空的革命行動

美國電動車製造商——特斯拉執行長伊隆．馬斯克（Elon Musk）的另一個身分，是太空探索新創公司SpaceX的執行長。

SpaceX做為太空探索的革命分子，迅速佔有一席之地。主力火箭「獵鷹九號（Falcon 9）」陸續接到來自全球民間企業及政府的衛星發射委託。二〇一八年十二月，成功將十七國合計六十四顆人造衛星同時送入軌道，讓人見識到其卓越的技術能力。過去的太空探索行動，都是由美國、俄羅斯、歐盟、中國等國家或地區主導，但SpaceX的出現，帶來了戲劇性的改變。民間企業成為主角的時代來臨了。

SpaceX太空火箭的特色，跟Blue Origin一樣，都能將成本較高的火箭第一節重複使用，大幅降低發射成本。馬斯克更提出以「發射成本降至百分之一」為目標，進行開發工作。

實際上SpaceX的首節火箭回收技術是在不斷反覆實驗下逐步精進，讓火箭能正確著陸於海上回收站。

透過重複使用所擁有的價格競爭力，及持續提升的發射精確度，是SpaceX衛星發射服務受人青睞的背後原因。不只民間企業，美國太空總署（NASA）及美軍也仰賴SpaceX的太空火箭。

馬斯克更進一步完成了全長七十公尺、名為「獵鷹重型（Falcon Heavy）」的大型火箭，該火箭由一個推進核心加上左右兩個助推器、總共二十七個引擎構成，當然，也是能重複使用的。

二〇一九年四月的獵鷹重型發射行動中，兩個助推器成功返回佛羅里達州的卡納維爾角空軍基地，推進核心也順利在大西洋的無人駕駛回收船上著陸。

能讓火箭重複使用的關鍵，是包含人工智慧的高度軟體技術。它能精確地操控硬體。像這樣結合軟硬

SpaceX可重複使用的火箭「獵鷹九號」。

體的精準自動操縱技術是SpaceX的過人之處。

開發載人太空船「飛龍號（Dragon）」

SpaceX也開發了載人太空船「飛龍號（Dragon）」。飛龍號能將貨物及人類安全地送達目的地，並回到地球。飛龍號最多可載運七位乘客，二〇一九年三月也與國際太空站（ISS）成功接軌。

在馬斯克的夢想——「人類移民火星計畫」的願景下，下一代的超巨型火箭「BFR（Big Falcon Rocket）」的開發也在進行中。全長一百一十八公尺、直徑九公尺、搭載三十一個引擎，並能載運一百五十噸貨物。

目標一次載運百人至火星的巨大太空船

SpaceX開發的百人座大型太空火箭「BFR」與第一節火箭的核心推進器分離示意圖。

若做為載人太空船使用的話，可容納一百名乘客，活像是實現科幻世界場景的太空船。SpaceX於二〇一九年八月已進行BFR實驗機的二次試飛，預計二〇二二年完成無人火星著陸任務，並進一步在二〇二四年將人類送上火星。

顛覆太空探索既有概念的馬斯克，也計畫著載人太空船的繞月飛行。他將改變人類對太空的使用方式，寫下歷史新頁。

Data Analysis/
Energy/
Materials

第 16 章　數據分析・能源・材料

095

ABEJA

數據分析

日本

企業價值235億日圓

以數據分析提升「現場力」

運用AI從事數據分析的新創公司ABEJA，其最厲害之處是針對零售商的數據解析。從設置於店鋪的攝影機影像，能將來店人數、年齡、性別、在店內走動的情況等資料以圖表等方式視覺化，並進行分析。

雖然多數零售商仰賴店長等營運負責人的直覺跟經驗執行銷售策略，但採取更為科學的數據解析方式，能讓店鋪待改善之處更明確，也較易於驗證新政策有多少效果。因為是定額制，每月支付些微費用便能利用，有不少大型超市及眼鏡專賣店等零售商引進該服務。

生產現場的運用也逐漸增加。將工廠中技能熟練者的作業工程分析量化，就能協助製作提升新人作業效率的技術指南。據說已有汽車零件製造商實際採用。

對於產品驗收的自動化也有幫助。讓人工智慧學習資深技術人員優秀的經驗，便能自動判斷是否為良品，得以避免因技能等級不同而發生判斷力良莠不齊的情況，實現有品質的自動化驗收。據說攜帶型終端零件製造商，正積極地想要引進使用。

至於商品的分類方面，讓AI學習商品的圖像及標籤資訊後，就能一一判別是什麼商品，以往依賴人工的揀貨作業也能夠自動化。

優勢在於深度學習

挾著在深度學習方面的強大優勢，讓AI學習來自攝影畫面等大量資訊，解析優秀人員的知識技能，進而導向自動化，是ABEJA的看家本領。目前客群由零售商擴及製造業的ABEJA，未來將針對減少運輸業危險駕駛、提升產品維修客服的效率，以及設計動態定價策略系統等，持續擴大事業領域。

096

ELIIY Power

蓄電系統

貯藏電力、有效利用能源

日本

企業價值404億日圓

火力發電過程會製造大量二氧化碳，進一步造成空氣汙染，因此，引發的批判聲浪不斷。人們於是把眼光望向可再生能源的利用。其中，太陽能發電及風力發電正在逐漸普及化。

但是，再生能源有發電量不穩定的問題。例如，風力發電的發電量會隨著風的強度改變，太陽能發電的發電量也會隨天氣及時間有所變化。因此，能預先貯藏發電電力的「蓄電」技術便顯得重要了，只要在發電所設置大型蓄電池，就能將發電產生的電力先貯存起來，等到用電需求高漲時再供電。即使是一般家庭，對於能貯藏太陽能發電電力的蓄電系統需求也在增加中。美國電動車商特斯拉也開發了蓄電系統，其特色是搭載大容量鋰電池，主客群則是一般家庭到工廠。

在日本，積極著手於此蓄電系統的新創公司，就是ELIIY Power。該公司不僅開發家庭用、企業用，乃至於各式各樣的蓄電系統。ELIIY Power的技術特色，是搭載於蓄電系統的大型鋰電池之發電元（Cell），而且全由日本國內工廠生產。

「安全」與「壽命長」是其特色

由於鋰電池給人起火風險高的印象，所以ELIIY Power對電池的「安全性」特別費心。其電池發電元正極採用高度安全的「磷酸鋰鐵」，因此即使被釘刺、壓壞、過度充電，也不會造成熱失控或起火。

「壽命長」則是另一個賣點。十年之內，即使反覆進行近一萬兩千次的充電與放電，電池容量保持率仍能達到八十％，確保能持續長期使用。獲得大和房屋集團、東麗、國際石油開發帝石公司、SBI集團、大日本印刷、鈴木汽車等陸續採用，需求逐漸擴大。

ELIIY Power是二〇〇六年由曾擔任舊住友銀行副行長、後任職住友銀行租賃公司董事長的吉田博一，於六十九歲時創立。雖是大器晚成的創業家，挑戰的市場卻相當年輕，成長潛力無窮。

097

以AI及大數據削減電力流通成本

Panair
電力零售平台

日本

企業價值801億日圓

在電力自由化的發展中，有一家新創公司正位居「颱風眼」，那就是Panair。該公司針對電力零售商，提供運用AI及大數據大幅削減電力流通成本的核心系統。

Panair所提供的「Panair雲端」平台，將眾多以往仰賴人手的營業、顧客管理、供需管理及電源調度等業務，運用包含AI的IT系統達成自動化。據說將營業額中的銷售管理費用比重，降低到業界平均的一半到三分之一左右。

透過被稱為流程機器人RPA（Robotic Process Automation）的軟體技術，也提供了人類可以將過去例行的事務作業自動化、效率化的解決方案。

最初目標是想為因電力自由化而增加的電力零售商提供一個銷售平台，但因沒有實際績效，很多企業猶豫不決。於是，Panair自身也投入了電力零售事業。

目前擁有「札幌電力」、「宮城電力」、「東日本電力」、「東海電力」、

「西日本電力」、「廣島電力」、「福岡電力」等七家電力零售子公司提供服務。

與東京電力集團合作

二〇一八年四月，與東京電力控股旗下零售事業——東京電力能源夥伴（TEPCO Energy Partner, Inc.）聯手，成立了向全國銷售電力及瓦斯的新公司「PinT」，東電EP和Panair分別出資六十%和四十%，並於次月開始提供服務。目標二〇二〇年前獲得一百五十萬件訂單。

獲得業界指標性公司的技術肯定，讓Panair今後的事業發展更為順利。PinT除了提供瓦斯零售，因自動化得以壓低銷售管理費的Panair平台，對其電力以外的事業拓展也能有所發揮。二〇一八年十月開始涉足通訊事業。

Panair是由名越達彥執行長所創辦，東京工業大學畢業後，曾任職大型網路公司DeNA，於二〇一二年成立Panair。當初提供的是太陽能發電事業與顧客間的媒合服務，但屢屢受挫。之後在電力自由化的趨勢下，開發出提升電力零售業務效率的系統，成功調得資金，開啟了一條活路。

Panair的營業額急速上升，企業價值也逼近一千億日圓。作為日本下一隻新創獨角獸，備受各界期待。

098

SmartNews

新聞APP ── 日本 ── 企業價值561億日圓

由AI選出你有興趣的新聞

提供以數據分析出不同使用者的關注議題，並配合發送相關報導的新聞APP（News Curation APP）的，是SmartNews。手機APP下載數已達四千萬次，在新聞APP類別中擁有最多活躍用戶而傲視業界。涵蓋媒體數也高達兩千七百家以上。

為何SmartNews會得到這麼多人支持呢？

在每天都有大量新聞發生的情況下，若要一一去檢視報社等各個媒體網站實在太過麻煩。再說，即使瀏覽綜合性新聞網站，也有很多根本不感興趣的報導，要尋找想知道的資訊並不方便。

相對於此，使用者在SmartNews很容易就能獲得關注的資訊。SmartNews配合每個人的屬性及興趣，顯示推薦的報導。目標提供「個人化的發現」。例如在早、中、晚固定時間，會發送兩~三則推薦報導的推播通知。

優先顯示符合喜好的新聞

為了選出哪些新聞會符合個別使用者的愛好，SmartNews運用了人工智慧。從巨大的新聞洪流中，由AI選擇並顯示「現在應該來閱讀哪則新聞」。當符合自己愛好的新聞會優先顯示時，使用者的滿意度也隨之提升，也就更加頻繁使用APP。此外，使用者可選擇自己有興趣的類別、優先列示，或是刪去沒興趣的類別，完全客製化。

這對提供報導的報章雜誌、電視台等媒體方也相當有利，除了提高知名度，SmartNews也會將部分廣告收入支付給媒體。

也提供折價券及英語學習服務

除了新聞以外，SmartNews也增加了APP上的功能，就是做為提供可在全國兩萬五千家以上店鋪使用的折價券平台。從家庭餐廳Gusto、牛角燒肉、吉野家牛丼到麥當勞等，在各式各樣的連鎖餐飲店都能獲得折扣。另外APP上也提供英語學習服務，像是「『太感動了！』的英文怎麼說？」這樣增進英語會話能力的專欄，以及訓練英文作文、閱讀英語新聞等充實的學習內容。

SmartNews在美國也提供APP服務，辦公室則設於紐約及舊金山，正積極拓展全球市場。

099

TBM

新材料

日本

企業價值563億日圓

用減輕環境負荷的新材料取代塑膠

名片、資料夾、碗、食品托盤——在照片（第294頁）中帶有光澤感、觸感滑順的產品，全都是由新創公司TBM所開發的新材料「LIMEX」製成的。

LIMEX是從「石灰岩」的英文「LIME STONE」創造出的詞彙。其原料是以碳酸鈣為主成分的石灰岩及樹脂。隨著與石灰岩混合之樹脂種類及量不同，可以像紙般薄透並具有延展性，本身不易破、防水、重量輕又耐用，也可製成立體形狀，用途很廣。

最大的特色是製造上對環境產生的負擔小。通常要製作一噸紙時，需要二十棵樹及一百噸的水，但製造LIMEX薄板時不需使用木材跟水。與製造塑膠相比，也大幅減少了石油的使用量。

做為原料的石灰岩在全球有大量礦藏，日本各地產量也頗豐富。此外薄片狀的

LIMEX也能重複使用，若使用後回收化為顆粒狀的話，還能做為塑膠替代製品再加工。「保護森林及水資源是全球重要課題，我們希望將來自日本的新材料LIMEX推廣到全世界。」TBM的山崎敦義董事長展現了他的雄心。

專家成為商品開發的後援

二〇一〇年，山崎下定決心要開發使用石灰岩的新材料。而日本製紙公司前專務董事——角祐一郎就成為山崎重要的夥伴。他於二〇一一年參與企畫TBM，之後就任該公司會長。

以角祐一郎為首的開發團隊成立後，研發工作正式進行。二〇一二年六月開始與日立造船共同開發成形技術，也在二〇一三年二月被選為日本經濟產業省「新創據點促進事業」。二〇一五年二月於宮城縣白石市完成試驗生產工廠，開始量產。

Limex是一種由石灰岩製成的新材料。像紙一樣的柔性片材具有抗撕裂性和防水性。（竹井俊晴　攝）

二〇二〇年預計在多賀市建設提升五倍生產力的第二工廠。

LIMEX材質的名片自二〇一六年六月發售以來，從新創到大企業已有兩千家以上採用，「這也對提升LIMEX的知名度助了一臂之力。」（山崎）。二〇一七年六月，大型迴轉壽司業者將LIMEX用於菜單的材質；建材應用也納入未來的計畫範圍。

近幾年來，被稱為「塑膠微粒」的微型塑膠垃圾所造成的海洋污染日益嚴重，歐美也採取了規範一次性塑膠產品的具體行動。「這個時代需要LIMEX，我們將盡最大的努力與熱情改變這個社會。」（山崎）。豐厚的投資回收當然也要面臨不少阻礙。山崎董事長的巨大挑戰將也正式開始。

100

Treasure Data

大數據分析

從「寶山」般的數據來解析顧客

美國

企業價值6億美元

很多企業都有這樣的煩惱：「看不到顧客真正的全貌。」

其中一個理由，是因為多數企業中，顧客資訊是由公司內、外各個不同部門分別管理所致。以汽車製造商為例，有提供車款資訊的公司官網資訊、廣告發布的資訊、經銷商的銷售資訊、參加活動者的資訊等等。

一位顧客的相關資訊，如果是由各個不同部門片斷式的管理，就無法正確地理解該顧客的行動。而企業不一致的應對方式，甚至會讓顧客有莫名其妙的感覺。

專門提供將分散各處的大量顧客資訊、於短時間內整合為一並加以解析的大數據分析平台，是總部位於美國矽谷的Treasure Data。

如果能掌握顧客更全面的資訊，會有怎樣的好處呢？除了能提高顧客滿意度，也能提升廣告及企畫等行銷活動的投放精確度，利於銷售。

日本在汽車產業有SUBARU、飲料業者有麒麟及三得利、化妝品業的資生堂、成衣業的UNITED ARROWS、金融業的世尊信用卡等，合計三百五十家以上企業都是Treasure Data的客戶。不少企業都希望透過集中管理顧客資訊提升行銷力。

Treasure Data是於二〇一一年成立於美國矽谷，由曾在美國紅帽公司（Red Hat）與三井物產新創投資團隊任職的芳川祐誠一行人所創辦。以雲端為基礎的大數據分析闖出名號，於二〇一三年回頭進軍日本。短期內便陸續獲得大型企業客戶的青睞，事業逐漸擴大。

被軟銀集團旗下的ARM收購

二〇一八年八月，Treasure Data被軟銀集團旗下的半導體製造商——英國ARM以六億美元（約新台幣一百八十億元）收購。ARM的目標是加強物聯網戰略、實現從裝置到數據一貫化管理的物聯網平台。於是看上了以大數據分析見長的Treasure Data。因為物聯網也需要整合眾多資訊並加以解析的技術。

「透過在二〇三五年前達成一兆台裝置連接網路，所有產業將被重新定義。」

軟體銀行與ARM如此描繪著物聯網的未來。迎向擁有龐大資訊運用需求的時代，Treasure Data的價值也將水漲船高。

結語　日本新創公司飛躍的條件

失落的三十年——被如此稱呼的「平成」時代劃下了句點。

由泡沫榮景及其破滅拉開序幕、接著是雷曼兄弟破產事件及大規模震災等，接連發生了前所未有的災害。但前方還有更嚴峻的未來在等著日本這個國家。二〇二五年左右，預計有三成國民將達到六十五歲以上。如此一來，隨著勞動力人口迅速減少，日本也許會一蹶不振。

該是進行反攻的時候了。掌握關鍵的就是催生出新產業的新創公司。日本也將因此有一躍而起的機會。即使是權傾一時的「GAFA」，也開始出現變調的徵兆。二〇一九年一月，法國開始發動對大型IT企業課徵「數位稅」；而早在二〇一八年五月，歐盟便施行以保護個人資訊為目的的「一般資料保護規定（GDPR）」。

「對於免費運用收集來的個人資訊、追求利益極大化的GAFA營運模式，將是一個轉捩點。」管理顧問公司Arthur D. Little Japan的鈴木裕人指出。

GAFA在短期間內能如此巨大化，歸功於其不持有大型店鋪及工廠的「虛擬基礎設施」十分強大。因此能乘著IT革命的浪頭崛起，一口氣擴大規模。但是，如今支撐著GAFA成長的全球智慧型手機，其出貨台數在二〇一八年轉為減少。

前述的鈴木先生也指出，「蘋果電腦開始出現『索尼化』的徵兆。」在創辦人史帝夫．賈伯斯辭世後，蘋果便沒有超越iPhone的新作。索尼也是在創辦人離世後失勢，要重返巔峰需要很長一段時間。

連谷歌也非穩若磐石。在今後各國都通過反托拉斯法後，原本引以自豪、具壓倒性優勢的搜索引擎及行動市場可能被迫重新改變戰略。就像過去微軟在苦戰時、谷歌一躍而起；對本書所介紹來自各式各樣新興領域的新秀來說，也可趁隙而入。而對擅長深耕利基市場、擁有多樣產業群聚的日本也是好機會。

日本的獨角獸只有一家

但實際上，來自日本的國際性新創公司發展並不蓬勃。根據美國市調公司CB Insights發表的報告，成立不超過十年、預估市值在十億美元以上的非上市企業「獨角獸」，全球共有兩百三十七間（截至二〇一八年三月）。

其中約五十％由美國、約二十六％由中國所佔。即使自二〇一八年底推算，日本也僅有Preferred Networks（PFN）一間。而理應是日本強項的汽車產業，在自動駕駛、飛行汽車、共乘等引領創新的都是海外勢力。「無論你連結多少輛貨運馬車，也絕對得不到一條鐵路。」這是約瑟夫・熊彼得在著作《經濟發展理論（原書名：The Theory of Economic Development）》中的名言。大企業無論多麼努力，「在既有事業的延長線上，無法產生劃時代的創新。」（美國史丹佛大學亞太研究所／櫛田健兒研究員）因此，新創公司是必要的。

用說的很簡單，但日本要與世界相抗衡，必須克服積存已久的課題。

首先是「年輕創業家的培育」。「擁有資金及技術的經營者應退一步，致力培養下一代的英才、獲得回饋。年輕人與資深者能做好『分工』，是矽谷活力的泉源。」這番話來自在當地支援新創公司、也是《科技地政學（原書名：テクノロジーの地政学》（日經BP出版）的作者吉川欣也。

矽谷創業者的平均年齡在三十～三十九歲；另一方面，日本六十歲以上創業者佔全體的三分之一。在邁向「人生百年時代」，年長者創立新事業的事例未來可望持續增加。雖然也是可喜的現象，但以資深老手才有的經驗及人脈、從後方支持擁有創新力及活力的年輕人，這樣的方式才更能發揮彼此所長。

尚須克服的另一個課題是「缺乏冒險精神」。創投基金WiL的共同創辦人兼執行長伊佐山元表示，「在史丹佛大學商學院，半數的畢業生都到名不見經傳的新創公司就職或自行創業。但在日本，優秀的人才都流向大企業去了。這是阻礙新創公司誕生的最大瓶頸。」背後理由源自日本的風土民情，並

美中佔了全球獨角獸企業的四分之三

• 全球獨角獸企業數（2018年3月）

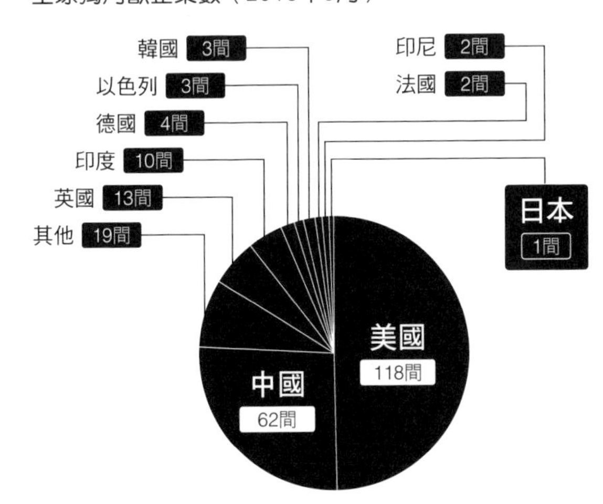

註：日本網路二手交易平台Mercari已在2018年6月上市，不再是獨角獸。而日本AI技術公司Preferred Networks評估市值也已超過十億美元。

資料來源：CB Insights

不積極鼓勵向未知領域挑戰的行為。

分出勝負的「失敗經驗」

「日本的企業人士，必須要學習美國的『失敗為成功之母』、中國的『先做再說』，然後是兩國皆具備的『能言善道』。」早稻田大學的村元康客座教授指出。

慎重、深思熟慮、謙虛這些日本人的美德，在戰後的製造產品方面是相當受用的。但在整體產業朝向服務化、環境變化極為快速的此時，反而在很多地方變得綁手綁腳。而在還不知道正確答案的尖端科技領域中，將會從反覆嘗試後的「經驗值」多寡來決勝負。村元客座教授如此告誡：「若這種害怕失敗、批評失敗者是『考慮不周、行事草率』的風氣一日不改，對美中就毫無勝算。」

產業的「實力」絕不輸人的日本，獨角獸企業數卻遠遠追不上美國與中國，「自我宣傳能力不足是主要原因。」高千穗大學的永井龍之介副教授指出。「他國十分擅長熱切地描述事業的『未來性』、取得市場的肯定。即使技術能力是日本企業的優勢，卻常輸在募得資金的能力。」

這些日本應克服的課題，共通點在於無論哪個都是日本人自身，或日本企業的「內部問題」。只要願意自我改變，從今天起狀況就會有所不同。

二〇一九年六月　Nikkei Business

台灣廣廈國際出版集團
Taiwan Mansion International Group

國家圖書館出版品預行編目（CIP）資料

最強行業：創業投資×經營管理×生產開發，贏家必讀！未來10年改變世界的100家企業之創新技術與服務 / Nikkei Business 編著；李青芬譯. -- 新北市：財經傳訊, 2020.03
面；　公分
ISBN 978-986-98768-0-3(平裝)
1.創業 2.技術發展 3.趨勢研究

494.1　　109000768

財經傳訊
TIME & MONEY

最強行業
創業投資×經營管理×生產開發，贏家必讀！
未來10年改變世界的100家企業之創新技術與服務

編　　著／Nikkei Business
譯　　者／李青芬
編輯中心編輯長／張秀環・編輯／彭文慧
封面設計／曾詩涵・內頁排版／菩薩蠻數位文化有限公司
製版・印刷・裝訂／東豪・紘億・明和

行企研發中心總監／陳冠蒨
媒體公關組／陳柔彣
整合行銷組／陳宜鈴
綜合業務組／何欣穎

發 行 人／江媛珍
法律顧問／第一國際法律事務所 余淑杏律師・北辰著作權事務所 蕭雄淋律師
出　　版／台灣廣廈有聲圖書有限公司
地址：新北市235中和區中山路二段359巷7號2樓
電話：（886）2-2225-5777・傳真：（886）2-2225-8052

代理印務・全球總經銷／知遠文化事業有限公司
地址：新北市222深坑區北深路三段155巷25號5樓
電話：（886）2-2664-8800・傳真：（886）2-2664-8801
網址：www.booknews.com.tw（博訊書網）
郵政劃撥／劃撥帳號：18836722
劃撥戶名：知遠文化事業有限公司（※單次購書金額未達500元，請另付60元郵資。）

■出版日期：2020年03月
ISBN：978-986-98768-0-3